酒店餐饮经营管理服务系列教材

CHAWENHUA YU CHAYIN FUWU

茶文化与茶饮服务

余杨 宋志敏 编著

北京·旅游教育出版社

“酒店餐饮经营管理服务系列教材”
编写委员会：

总序

中国的酒店管理教育已经走过了三十多个年头。三十多年,对于人生而言,可以说已逾而立之年、已经走入成熟。然而,对酒店管理专业的发展而言,这么短的时间恐怕仅仅只能孕育学科的胚胎、萌芽。所幸的是,这三十多年不同于历史进程中一般的三十多年,这三十多年来,我们一直在探索前进的方向该如何去定,脚下的路该怎么走。由此,我们的视野得以扩展,我们的信心得以强化,我们的步频得以加快,我们的步伐得以加大。

“酒店餐饮经营管理服务系列教材”就是在这样的背景下,步入了人们的视野。三十多年来,中国的酒店管理教育得到了长足的发展,但令人遗憾的是,长期以来,在课堂上讲课时,授课者能够使用的餐饮管理教材,往往以“饭店餐饮管理”的名称,将专业化程度很高的所有餐饮具体业务,在一本教材里“包圆”了。随着餐饮专业化程度越来越细、深度越来越深,一本教材包打天下的局面已经难以为继,我们这套“酒店餐饮经营管理服务系列教材”应运而生。整套教材计划出书共十五本左右,涉及的面紧扣三大类主题:餐饮知识与技能类教材、餐饮运行与管理类教材、餐饮经营与法规类教材,力求将酒店餐饮方面的主要业务都囊括进去;这套教材的层次定位为如下几个方向:高校酒店管理专业本科学生用书、高职高专学生用书、酒店行业员工在岗在职培训用书,同时,本教材也可作为餐旅专业高等教育的专业用书,以及高等教育自学考试的教材。

本系列教材作为中国酒店教育餐饮类的细分教材,无疑是一种尝试,难免存有局限性,恳请广大专家、教师同行和其他读者提出宝贵意见,以便通过修订,使之更趋完善。

酒店餐饮经营管理服务系列教材编写委员会

前言

茶道、茶礼或茶艺，其源头在于茶叶作为一种饮料。随着社会物质经济、文化艺术生活的发展，古老的茶饮文化重新焕发充沛的生机，呈现出蓬勃兴旺的发展态势，而在酒店管理和服务及现代接待业中尤其具有发挥功能与作用的广阔空间。有鉴于此，我们编写了《茶文化与茶饮服务》教学用书，并将在与实践的结合中深入调查研究，充实和提升相关章节的内容，从而形成动态完善的课程体系。

本教材由上海旅游高等专科学校的教师编写，适合酒店、茶馆从业人员，本专科院校旅游管理、酒店管理等相关专业学生以及茶饮文化爱好者使用。全书由酒店管理系教师余杨和宋志敏编写，其中，第三章、第六章、第七章由余杨编写，导论、第一章、第二章、第四章、第五章由宋志敏编写。PPT 课件和练习题由余杨制作和编写。书内部分图片由朱珊珊和唐丽君提供并协助拍摄，特此致谢。

由于编著者学识水平有限，书中不足之处敬请读者朋友批评指正。

编者

2013 年 11 月

目 录

导论 茶饮和茶文化

考察人类历史可以发现，世界各国各地的民族创造了各具特色的饮食文化。其中广受喜爱、有益身体健康的茶叶，既与咖啡、可可并称世界三大无酒精饮料，又因其源远流长、姿采多样且富于中国传统文化意涵和生活艺术情趣而被人们所品味、欣赏和推崇。

有关茶的观念、知识和技艺、礼仪体系，通常概括并指称为茶道、茶礼或茶艺，然而，归根结底其体系构建和形成的基础或衍生发展的源头，仍在于茶叶作为一种饮料的根本用途。因此，本书遂以"茶文化与茶饮服务"为名，并希望契合在酒店管理和服务及现代餐饮业中茶所承担或可能承担的功能与角色。

中国茶饮文化的发生与形成，在于得天独厚的茶树自然资源和自远古以来一脉相承的民族智慧对这一资源的发现和创造性利用，使其成为对于中国人的生命品质和生活趣味饶有价值的日常饮品，而这种价值正为世界更多的人们所体验、认同和追寻。

一、茶饮文化的相关概念

茶道、茶礼、茶艺，概略而言是同一事物的不同名称，又因民族传统和习惯对于内涵和形式的偏重而呈现它们予人感受上的差异和丰富特性。

1. 茶道

茶道一词，历史久远。

"孰知茶道全尔真，唯有丹丘得如此"。出自唐代诗僧皎然《饮茶歌·诮崔石使君》的这两句韵文，说明在汉唐时期，茶被认为是修身成仙的一种灵物；行茶的方式和吃茶的身心体验，可以助益人们摆脱日常烦恼，甚至人生根除烦恼的有效途径。

然而，将一种文化体系冠以"茶道"之名，并持续充实从而形成内容丰富、观念完整、规则严谨且颇具民族特色的修行方式和艺术国粹的，是日本。以至于当人们提到"茶道"一词，多半就联想到日本的茶文化形式。

中国的茶种、栽培技术和制茶、饮茶方式,重要而有史可稽、有迹可循的两次向日本的传播,分别在唐代和宋代。前一次,大致于日本平安时代的嵯峨天皇时期,传茶的主要人物是随遣唐使赴大陆的学问僧永忠、最澄和空海,其中最澄传茶的物质遗存,是今日犹有出产的日吉神社茶园。后一次,是在日本镰仓时代的源氏幕府时期,举足轻重的人物是被尊崇为日本茶禅双祖的荣西禅师。尔后,到相当于中国明代的安土桃山时代(AD1573 – 1603 年,又称织丰时代,以当时称霸日本的织田信长的"安土"城和丰臣秀吉的伏见城,即"桃山"城为名),由茶道之祖村田珠光创立、武野绍鸥承传、千利休集大成的草庵茶法终于形成至今驰名的日本抹茶道。在江户时代的德川幕府时期(大致相当于中国的清代),又对早已传入的散茶清饮法进行趋于理想状态的道化、系统化,在 18 世纪中叶,由禅僧卖茶翁集大成而真正形成日本煎茶道。

虽然如此,茶道的存在和发展远非仅限于日本茶文化。

茶道作为茶文化的一个概念,当茶事、茶会、茶文化活动更注重精神内涵时,我们多使用之。其作为一种社会事物或现象的概括性范畴,侧重于从哲学层面的总体性、根本性,从精神指向的纯净性、终极性以及从发展规律的必然性、逻辑性和人们认识、认知程度与客观事物本身状态的相符性,来揭示茶文化的深刻性、深邃性和深厚性,即研究和实践之可能的深度及其涉足之可能的广度。在此层面上,各国茶文化都有或多或少的内容值得研究,而华夏民族本身在茶饮方面的人文历史、器物传承和风尚韵致,尤其需要我们作由表及里的全面把握和深入领悟。

2. 茶礼

唐代刘贞亮的《茶十德》有"*以茶利礼仁,以茶表敬意*"的表述。寺院茶礼大致于中唐形成,在南宋趋于规制完整而成为出家人和信众茶饮行事时奉行的圭臬,即所谓"茶汤之礼"。

到 20 世纪七八十年代,中国茶文化开始复苏时,曾有将"茶礼"一词归纳入韩国茶文化的约定。其缘由在于,韩国茶事、茶会、茶文化活动过程中,礼的表达令人瞩目,且其所继承并贯彻施行的儒家观念比较完整。

显然,以茶待客是东亚尤其是我国各民族的传统礼仪,而举止的得体和诚心的敬意之表达需要有合适的形式。换言之,茶礼是茶饮之和谐内涵的外在形式,表示为规范的言语和恭敬的举止,由行为的外在遵循影响、教化、养成心性的贤明、平和及与他人相处得和睦谐调,同时,可以表达一种虔诚、敬畏和人格尊重。

3. 茶艺

茶艺是生活艺术,以泡茶技艺和品茶艺术为核心;茶艺也是表演艺术,所谓器以载道、文以载道、艺以载道,以其形式呈现的丰富性、可感性和审美性来呈现和传播茶文化。

有一种具有代表性的观点认为，茶艺的根本在于泡好一道茶汤，“只有把茶汤泡好，才有条件谈及茶道的境界。茶道的境界要在茶里寻”，就像“音乐的境界总在音乐的国度里”。由此而来的泡茶者念兹在兹的箴言表述为：泡好茶，乃茶人体能之训练，茶道追求之途径，茶境感悟之本体！

茶艺一词，出现于20世纪70年代，是当时我国台湾地区茶界人士在茶文化复兴的价值与概念大讨论之后，约定用来指代中华茶文化艺术的一个概念，并渐为全国各地的茶业人士所接受而概为共识。其很大程度上，是作为茶道、茶礼相对应的名词而运用。

4. 茶文化

文化，是人类在一定自然条件和社会环境中进行有关生存、生活和发展的各种活动的痕迹，其具有物质生产的实物可感形态，同时更赋予生命活动和生活方式以具有地域特点和民族特性的精神价值。

茶文化作为一种物质文化，是饮食文化的一部分，更缘于其高度发展而远远地独立于人们的饮食需求，从而形成和显示出丰富的创造、感受以及拓展诗意生活方式和精神世界的可能性。

茶文化的物质部分，相关于茶树农艺、茶叶采制、茶叶审评、茶用器具、行茶用水、合理饮茶和茶叶的贸易、消费的建筑设施等。茶文化的制度部分，是有关茶的社会约定，即表现为民间的礼仪习俗和表达为国家意志的法律规定；是物质形态和精神内涵的中介层面，其构成茶文化的社会性特征。茶文化的精神部分，是茶事活动中更为自由因而更具创造性的艺术和哲理性内容；它是茶文化的深层结构、核心部分，表现为有关茶的诗词书画、人文雅集和修身养性、修行悟道中茶的意蕴的拓展。

从时间和空间以及为茶所独有的突出的属性来界定茶文化的特点，大约为时代性、普遍性、民俗性、生活性和契合性。

（1）时代性

中国茶文化，是中华文明的一部分。在源远流长的历史进程中，其必然呈现出相应于所在时期的经济、政治、学术以及习俗风尚、艺术风貌和人文风情等社会状况的特有具体形态。这一时代性的特点，要求我们应以诚敬的心态继承茶的文化传统，更须以创新的精神开拓茶的发展空间。

（2）普遍性

在中国人的社会交往和个体生活中，茶的存在普遍而广泛。所谓“客来敬茶”，是五十六个民族共同的待客礼仪；所谓开门七件事“柴米油盐酱醋茶”，是日常物质需求的基本要素；所谓下茶礼、吃讲茶、祭天祀地供祖宗、敬佛修身吃茶去，是良好祝愿的方便途径、和睦相处的得体仪礼、安心养性的常在法门。

(3)民俗性

源于地域、民族和风土人情的差异,茶饮的方式及所蕴含的社会心理需求呈现出极为丰富的民俗形式。如藏族酥油茶的献茶礼仪和精神含义,新疆香茶的辛香辅料和煮瀹有序,蒙古族咸奶茶的草原风情和家庭氛围,白族三道茶的先后讲究和五味杂陈,傣族腌茶的辛辣重味和日常食用,湖南擂茶的营养丰富和治病疗效,江南阿婆茶的姑嫂家常、元宝茶的祈富愿望与红糖茶的祝福和美,等等。

(4)生活性

茶益身心,茶使生活有更多闲情雅趣。林语堂说:“只要有一壶茶,中国人到哪里都是快乐的”;文豪鲁迅说:“有好茶喝,会喝好茶,是一种‘清福’。不过要享这‘清福’,首先就须有工夫,其次是练习出来的特别的感觉。”茶文化的生活性特点,使其得以滋润人们的生存气息并营造平和的日常氛围。

(5)契合性

茶的历史渊源,使得其与华夏的民族性相契、与中国人的人文观念和人生哲学相融合。缘于此,中国人的日常生活、工作和人际交往中,由茶所创造的契机俯拾即是。人们缘于茶而彼此结识,缘于茶而深入了解,缘于茶而默契于心、和睦相处、同甘共苦。

中国茶文化,融合了传统的儒、道、佛的思想观念和行为处世方式,源远流长而内涵丰富。以当代的、全球性的眼光乃至深邃而博大的穿透性思维去对其进行分析和汲取、去继承和扬弃,是我们的责任和义务。

二、课程的组成

本课程的教学内容,由茶叶基础知识、文化源流、茶饮艺术、茶用器具、茶饮功能与茶席设计、茶文化的外传、茶饮英语七部分组成;教材的主体也相应地分为七个章节展开。

第一章 茶叶基础知识

从一种木本植物的树叶到惠泽人类的茶叶，是华夏先民的智慧所成就的。而对茶饮的善加运用，则以了解茶叶知识为其必要的基础和前提。

茶树的拉丁学名，是 Camellia Sinensis。茶叶风味品类和品质优劣的不同，源于茶树品种、产地的生态环境、茶园管理、采制和再加工工艺的差异。

第一节 茶叶采制和分类

一、茶叶采制

（一）茶树形态

木本植物是生物界中的一类，其形体由根、茎、叶组成，在繁殖阶段会开花、结果，果中含有的“实”就是种子。

茶树属于多年生常绿木本植物，其外观形态以地上部分的不同分为乔木、小乔木和灌木。

1. 乔木型。树身高大，长成后达 10 米以上，主干明显而分枝部位高。在茶树原产地我国西南地区的云南、贵州、四川等地的原始森林中的野生茶树，即为此类。陆羽《茶经》描述为：“其巴山峡川有两人合抱者，伐而掇之。”

2. 小乔木型。又称为“半乔木型”，基部主干明显而分枝部位较低，长成后通常高度在 6～10 米。

3. 灌木型。从根茎部分枝，长成后无主干，树形较低。人工栽培的茶树（包括云南大叶种中的台地茶）都属此类。

（二）鲜叶采摘

茶树上的营养芽成形及萌发长成叶和抽长成枝条即为新梢，从新梢上采摘的芽叶是制作茶叶的原料，称为鲜叶、叶菁、茶青等。

鲜叶采摘，关系到茶叶质量、产量和经济效益，而且还关系到茶树的生长发育和经济寿命的长短。所以,在茶叶生产过程中,茶叶采摘具有基础性的重要意义。

1. 采摘方法

采摘方法有两种,即手工采茶和机械采茶。

(1)手工采茶。传统的采摘方法,其优点是标准划一,茶青质量高;缺点是效率低,成本高,难以做到全部当采芽叶的及时采摘。细嫩名优茶的采摘,多用此法。根据树上芽叶本身的嫩度(从物理性状而言即机械强度)状况,手工采茶又分为掐采、直采、双手采的手法。

(2)机械采茶。多采用双人抬机往返切割式采法。其优点是采摘效率高,成本低,利于及时采摘;缺点是茶青不整齐,较多不完整叶片。茶叶生产技术的发展趋势,是机采茶园的面积逐步扩大。

2. 采摘标准

即按各类茶的制茶原料的嫩度标准所需来采摘鲜叶。

茶叶采摘标准,主要是根据各类茶对新梢嫩度与品质的要求和产量因素进行确定。我国茶类丰富多彩,品质特征各具一格。因此,对茶叶采摘标准的要求差异很大,归纳起来,大致可分为以下四种情况。

(1)细嫩的标准。采用这种标准采制的鲜叶,主要用来制作名优红绿茶。如高等级的西湖龙井、洞庭碧螺春、黄山毛峰、庐山云雾、祁门工夫红茶等。具体标准,一般是采摘全芽、一芽一叶及一芽二叶初展的新梢,即前人所称"麦颗"、"旗枪"、"莲心"茶。这种采摘标准,效率低、成本高而原料品质特好,其产量不多、季节性强,大多在春茶前期采摘。

(2)适中的标准。采用这种标准采制的鲜叶,主要用来制作大宗红绿茶,如内销和外销的眉茶、珠茶、工夫红茶、红碎茶等。其要求鲜叶嫩度适中,一般以采一芽二叶为主,兼采一芽三叶和幼嫩的开面叶。这种采摘标准,茶叶品质较好,产量也较高,经济的规模效益较好,在我国目前茶叶生产中占较大比例。

(3)成熟的标准。采用这种标准采制的鲜叶,主要用来制作边销茶,如茯砖、康砖等。其须等到新梢发生驻芽、基部成熟即木质化时,采一芽四五叶和开面三四叶。这种采摘方法,采摘批次较少。对于茶树而言,投产后前期产量较高,但由于对植物本身的生长有较大影响,使其容易衰老,故而经济有效年限不很长。

(4)特种采的标准。采用这种标准采制的鲜叶,主要用来制造一些传统的特种茶,如要求有独特的滋味和香气的青茶(俗称乌龙茶)。采摘标准是当新梢长到梢顶驻芽、顶叶尚未"开面"时采下三四叶比较适宜,俗称"开面采"或"三叶半采"。这种采摘标准,全年采摘批次不多。

3. 采摘技术

茶叶采摘技术主要内容有三个方面。即留叶采、及时采和集叶贮运。

（1）留叶采。茶树叶片的主要生理作用是进行光合作用和水分蒸腾，采摘叶片是为制茶。若采得过多，留得太少，减少了茶树的叶面积，使光合效率降低，影响了有机物质的积累，继而影响茶叶产量和品质。反之，采得过少，留得过多，不仅消耗水分和养料，而且叶面积过大，树冠郁闭，分枝少，发芽密度稀，同样产量不高，经济效益低下，达不到种茶目的。

在生产实践中，留叶数量一般以“不露骨”为宜，即以树冠叶片互相密接，看不到枝干为适宜。

（2）及时采。对增加产量，提高品质，保养树势，直至提高经济效益，都有着十分重要的意义，所谓“早采三天是个宝，迟采三天是根草”。茶树的生长和发芽有轮性的特点，故而在采摘周期期间，芽叶一批达到标准即须采摘一批，形成分批多次采的生产特点。

（3）集叶贮运。鲜叶采下后，须及时装入通透性好的竹筐或编织袋，并防止挤压，尽快送入茶厂付制。集叶贮运时，应按品质做到机采叶和手采叶分开，种类和级别分开，以利于按原料制作，益于提高茶叶品质。

（三）茶叶特征

1.外观特征。呈椭圆或长椭圆形，叶缘有锯齿 16～32 对；网状脉，有明显主脉，从主脉分出平行侧脉 10～15 对，侧脉延展至叶缘 2/3 处向上方弯曲呈弧形与上方侧脉相连，侧脉再分出细脉，总体构成网状脉。

作为常绿植物，茶树在同一时期长有新叶和老叶，当年萌生的新梢芽叶，用来制作茶叶。芽及嫩叶的背面密生茸毛，其随叶的成熟度逐渐减少。

2. 内含物质。主要含有茶多酚、咖啡碱、茶氨酸等，其中茶氨酸是茶叶所特有的物质。

二、茶叶分类

科学的茶叶分类，以其制作工艺和品质特点为依据。

茶叶首先分为两大类，即基本茶类和再加工茶类。

基本茶类的茶，是从茶树鲜叶处理开始，经各种加工程序到最后干燥定形制作而成的。茶的内含物的成分和比例在初制阶段形成，而茶的等级和风格往往在精制阶段最终确立。

再加工茶类的茶，是以基本茶类的成品茶为原料进行再加工制作而成的。

同时，在商业流通和日常生活中，也有以产地、产季、品质和销售地等为依据的分类方法，如安徽茶、浙江茶、台湾茶，春茶、夏茶、秋茶、冬茶，名优茶、大宗茶，内销茶、外销茶等。

（一）基本茶类

基本茶类的细分，是以茶多酚发酵的程度和先后为主要依据，又以干茶和茶汤的色泽来命名。所谓发酵,其实质是茶多酚的氧化。就发酵程度而言,归入不发酵的绿茶,并非茶多酚的氧化程度为零,而是约为5%以下;而归入全发酵的红茶,其茶多酚的发酵程度,介于80%～95%之间。

1. 绿茶

绿茶是制茶史上最早出现的,属不发酵茶类。其品质特点是清汤绿叶。

绿茶的制作程序:制前处理→杀青→揉捻→干燥。

杀青:利用高温抑制茶树鲜叶所含多酚氧化酶的活性,制止茶多酚的酶促氧化,奠定绿茶作为不发酵茶的品质基础。同时,高温散发水分,使鲜叶柔韧而便于揉捻;并且高温使低沸点的芳香物质即所谓"青臭气"得到挥发,使高沸点的芳香物质即所谓"茶香"得以初步显露。我国绿茶多用高温锅炒方式杀青,而以高温蒸汽杀青制作的则为蒸青绿茶。杀青不足,易生红梗红叶,青气未除尽,滋味薄而涩;杀青过度,可导致色泽变黄,香气钝熟或出现焦味,滋味平淡或不醇正,碎片较多;杀青温度过高,易生爆点。

揉捻:对茶叶施加压力,揉破细胞壁使茶汁流出黏附于叶表,便于冲泡;并使叶张卷曲,初步成形。

干燥:收干水分,既便于保存又最终完成茶叶的外形和色香味品质。绿茶按干燥方式分为三类:炒干的称为炒青,烘干的称为烘青,晒干的称为晒青。

摊晾:鲜叶采下运至制茶场地后,除蒸青绿茶之外的几乎所有大小类型的茶叶,都会进行摊晾处理。尚未进入制作过程的鲜叶,从采摘到摊晾,其内含物质都在发生生物、物理和化学变化,其中包括茶多酚的轻微氧化。

(1)炒青绿茶

加工方式:锅炒杀青→揉捻→锅炒干燥。

茶品:西湖龙井、碧螺春、眉茶、珠茶等。

眉茶,为长炒青绿茶精制产品的统称,主要产于浙江、安徽、江西等地。成品花色主要有珍眉、贡熙、雨茶、针眉、秀眉和茶片等。

珠茶,被誉为绿色珍珠,因外形浑圆紧结、宛若珍珠而得名。其香高味浓耐冲泡,主销西、北非,在美国、法国等也有一定市场。

明代许次纾《茶疏·炒茶》:"生茶初摘,香气未透,必借火力以发其香。然性不耐劳,炒不宜久。多取入铛,则手力不匀,久于铛中,过熟而香散矣。"

炒青制茶技术成熟于明代,而其萌芽的出现则早得多。唐·刘禹锡《西山兰若试茶歌》叙述道:

山僧后檐茶数丛,春来映竹抽新芽。
宛然为客振衣起,自傍芳丛摘鹰嘴。
斯须炒成满室香,便酌沏下金沙水。

(2)烘青绿茶

加工方式:锅炒杀青→揉捻→烘焙干燥。

茶品:黄山毛峰、太平猴魁、苏烘青、闽烘青、浙烘青等。

烘青绿茶的组织结构蓬松,因毛细管分布多而吸附性特强,因而再加工茶类中的花茶窨制,通常以此作为茶坯。

(3)晒青绿茶

加工方式:锅炒杀青→揉捻→暴晒干燥。

茶品:滇青、陕青、川青、黔青、桂青等。

晒青绿茶制作之后内含成分在存放过程中的转化,是后发酵的一种方式,所谓“生普”陈化就是对这一理化机制的突出运用。

(4)蒸青绿茶

加工方式:蒸汽杀青→揉捻→锅炒或烘焙干燥。

茶品:恩施玉露、日本煎茶。

蒸青绿茶的制作技术在制茶史上是最早成熟的,其具有“色绿、汤绿、叶绿”的三绿特点。现国内制作较少,而主要产于日本或出口日本的蒸青绿茶,因运用独到的栽培技术而呈现特有的“覆下香”。

2. 红茶

红茶属全发酵茶类,发源于福建,英文名 Bohea 既指武夷山地区出产的小种红茶,也代称所有的红茶。其品质特点是红汤红叶。

红茶的制作程序:萎凋→揉捻/揉切→发酵→干燥。

萎凋:鲜叶均匀、适量散失水分的过程,使得叶内多酚氧化酶的浓度升高、活性增强。

揉捻或揉切:破损叶的细胞组织,使茶汁流出黏附于叶表、茶多酚接触空气并在酶的促进下开始氧化;或切碎茶条,便于茶多酚氧化的同时,按制茶规格形成碎片。红茶滋味的浓淡,在制作工艺上,主要取决于揉捻、揉切所造成的细胞破损程度。在所有茶类中,红茶是相对揉捻程度最高的,这是一般红茶三两泡即已滋味出尽的主要原因。

发酵:茶多酚有控制的适度酶性氧化,从而生成茶黄素和茶红素,同时减少因转化而对品质不利的茶褐素。发酵是形成红茶“红叶红汤”特征性品质的关键工序,一般在有温湿度调节设备的空间内进行,要求环境气温在24℃左右,相对湿度在90%以上,并且空气新鲜,供氧充足。从香味来判断,适度发酵的茶叶具有果香,青草气消失,若带酸馊味则已过度。

干燥:停止发酵,固定前一道工序形成的品质并加以提升;蒸发茶叶水分,缩小体积,固定外形;散发大部分低沸点、有青草味的芳香物质,激化并保留高沸点的芳香物质,从而获得红茶特有的甜香。

(1)工夫红茶

因精制工艺复杂、费时费工、技术性强而得“工夫”之名。

茶品:祁门工夫红茶(祁红)、云南工夫红茶(滇红)。

工夫红茶是我国的特有红茶,也是传统出口商品,在出茶省区中,多有生产。按产地,其品类有滇红工夫、祁门工夫(含浮梁工夫、霍山工夫)、宁红工夫、宜红工夫(含石门工夫)、川红工夫(含黔红工夫)、湖红工夫、闽红工夫(含坦洋工夫、白琳工夫、政和工夫)、台湾工夫、越红工夫、江苏工夫和粤红工夫等。

(2)小种红茶

“小种”之名,首见于清代崇安县令陆廷灿1717年撰成的《续茶经》记述:“武夷茶……小种,则以树名为名,每株不过数两。”此中所述茶类多为乌龙茶,但“小种”所指,接近于“单丛”或“名丛”即品质较为突出的含义。小种红茶的特点,是有桂圆味、松烟香。

茶品:正山小种。

红茶发源于福建,小种红茶为福建特产,武夷山所产以“正山”命名,有“真正高山地区所产”小种红茶的含义。红茶源头又有崇安星村制作青茶耽误而将错就错焙成红茶的传说,正山小种红茶缘于此而担当起红茶之祖的声名。

(3)红碎茶:又称红细茶或切细红茶,较多为CTC红茶。CTC是英语碾碎(Crushing)、撕裂(Tearing)、卷曲(Curling)三词首字母的组合。原料嫩度较好的CTC红茶,外形光洁、颗粒圆结或呈沙粒状,色泽棕红或褐色,汤色红亮,香气新鲜高锐,滋味浓爽,叶底红亮。

红碎茶茶汤味浓、强、鲜,发酵程度相对较轻,多酚类保留量较高。印度、斯里兰卡、肯尼亚是世界主要的红碎茶生产国且总体品质较好。另外孟加拉、印度尼西亚、俄罗斯、乌干达、坦桑尼亚、马拉维等也有生产。

红碎茶茶叶形态和英文名称见下表:

茶叶形态	英文简称	英文全名
超精细揉捻精制而成的高品质茶叶	SFTGFOP	Super Fine Tippy Golden Flowery Orange Pekoe
经过精细地揉捻精制而成的高品质茶叶	FTGFOP	Fine Tippy Golden Flowery Orange Pekoe
含有较多金黄芽叶的红茶	TGFOP	Tippy Golden Flowery Orange Pekoe
较完整的毫尖茶	FOP	Flowery Orange Pekoe
较完整的嫩茎茶	OP	Orange Pekoe
细小重实含毫尖的碎茶	FBOP	Flowery Broken Orange Pekoe

续表

茶叶形态	英文简称	英文全名
颗粒较细的碎茶	BOP1	Broken Orange Pekoe 1
颗粒稍大的碎茶	BOP2	Broken Orange Pekoe 2
颗粒较大的碎茶	BOP3	Broken Orange Pekoe 3
质地较轻的细碎茶	BOPF	Broken Orange Pekoe Fanning
较粗硬的梗朴	BP	Broken Pekoe
质地较轻的茶片	F	Fanning
细碎呈沙粒状的碎茶	D	Dust

词汇含义:

F/Flowery:如花蕾上的芽一般形状的嫩芽。

P/Pekoe:带有白毫的嫩芽。

O/Orange:嫩芽完全没有叶绿素如橘色般。

B/Broken:碎型茶。

F/Fanning:片型茶 指 BOP 筛选下来的小片茶叶。

D/Dust:粉尘状的细末茶 筛选到最后的粉末状碎屑。多以茶包形式出现。

G/Golden:金黄色泽。

T/Tip:含有大量新芽。

S/Souchong:小种红茶。

1/no. 1:代表在该等级里列于顶尖的级次。

红碎茶在印度出产最多。1835 年,印度的阿萨姆地区开始种茶,茶种和制茶方法皆由中国引入。1874 年揉捻机的发明和 1876 年切碎机的发明,使红碎茶正式出现,并随着机械和工艺技术的发展,红碎茶的生产与饮用规模逐渐扩大,因而成长为全球性的大宗饮料。

3. **青茶(即乌龙茶)**

青茶属于半发酵茶类,英文名 Oolong Tea,其俗称“乌龙茶”。

青茶的制作程序:萎凋→摇青→炒青→揉捻→干燥。

青茶的品质特点:既有绿茶的清香和花香,又具有红茶的醇厚滋味。

萎凋:包括晒青和晾青两个环节的多次反复。晒青,是通过光能、热能的吸收使鲜叶适度失水。然而水分挥发的途径是不均匀地分布在叶缘的水孔和叶背的气孔,因而叶片在晒青时会出现“偏枯偏荣”的状态,就需要放入室内晾青,让水分重新分布后再晒青,从而达到均匀散失的目的。

做青:传统做法是将萎凋叶放入竹筛颠摇,这个过程叫摇青。叶子在摇青环节的碰撞中,叶缘细胞更多破损而发生更多氧化、显现红边。一方面是茶多酚的氧化,另一方面则是香气的发展。摇青也非一次完成,结合促进叶内物质转化的静置(也称晾青),多次反复、渐渐形成"绿叶红镶边"的外观特征及兼有绿茶和红茶特点的品质风格。晒青、晾青和摇青三者密切相关,共同完成做青环节,是形成乌龙茶品质特征的关键作业。

炒青:高温杀青,以控制多酚类的酶促氧化,停止叶子变红,固定摇青形成的品质而不使发酵过度,是承上启下的转折工序。同时,适当的高温可以继续挥发和转化低沸点的青草气物质而形成馥郁的茶香,湿热作用可以破坏部分叶绿素而使叶片黄绿发亮,水分的挥发使得梗叶柔软,适于揉捻。

揉捻:基本作用是出汁和做形。

干燥:按成形和品质要求,结合进一步的揉捻或包揉,进行烘焙以抑制酶促进氧化,蒸发水分并通过热化作用消除苦涩味,促使滋味醇厚,并使茶叶品质和风味最终成型。焙火较重的乌龙茶,香气和滋味的风格偏于沉着;烘火较轻的偏于清扬,两者被对应地形容为乐器中大提琴和小提琴的音色。

青茶茶品如下:

(1)闽南青茶:以铁观音、黄金桂、本山、毛蟹为代表。

(2)闽北青茶:其中岩茶以其品质与风味突出而自成群体,以大红袍、肉桂、水仙为代表;传统名品还有白鸡冠、铁罗汉和水金龟。

(3)广东青茶:以凤凰单丛为代表。

(4)台湾青茶:以文山包种、冻顶乌龙、东方美人为代表。

4. 黄茶

黄茶属于微发酵茶类,制作工艺接近于绿茶,但制作过程中特意形成一定温湿度及缺氧条件,而使成品具有色黄、味醇的特点。

按鲜叶老嫩的不同,分为黄芽茶、黄小茶和黄大茶三种。

黄茶的制作程序:杀青(→揉捻)→焖黄→干燥。

黄茶的品质特点:黄汤黄叶;微发酵。

杀青:其过程与绿茶没有太大差异,相对而言某些黄茶投叶量偏多、锅温偏低、时间偏长,使叶子较长时间处于湿热条件下,叶色略黄,已产生轻微的焖黄现象。

揉捻:不是黄茶必不可少的工艺过程。

焖黄:黄茶特有的关键性制作工序。从杀青开始到干燥结束,都可以为茶叶的黄变创造适当的湿热条件,但作为专门的制茶环节,则或在杀青后,或在揉捻后,或在毛火(初干)后,或烘焖交替结合进行。短则半小时或大半天,长则两三天,主产于皖西的黄大茶，堆闷时间长达六天左右。在焖黄过程中，多酚类物质自动氧化而减少，这就是黄茶“寒性”降低的生化机理。由于“焖黄”主要在杀青之后进行，故而有的分类方法把黄茶归入“后发酵”的制作工艺类别。

干燥：采用分次干燥，先低后高的温度，实际上是减慢水分散失速度，增大焖黄效应。

黄茶常见茶品：

(1)君山银针：冲泡时三起三落，泡成后茶芽多竖立于杯底。焖黄程度较重。

(2)蒙顶黄芽：叶底全芽，嫩黄匀齐。

5. 白茶

白茶属于轻发酵茶类，主产于福建福鼎、政和及建阳、松溪。明代田艺衡《煮泉小品》中称：“茶者以火作为次，生晒者为上，亦更近自然，且断烟火气耳”，与现代工艺近似。

白茶的制作程序：萎凋→干燥。

白茶的品质特点：满披白色茸毛，色白隐绿，汤色浅淡，味甘醇，轻微发酵。

萎凋：视天气状况和工艺要求，将茶青均匀薄摊于竹筛架上，自然萎凋或微弱日光轻晒或两者交替，或向萎凋室内吹送热风或加热地面，使芽叶失水至八成干左右。

干燥：用烘笼文火慢焙或在烈日下晒至全干。

白茶常见茶品：

(1)白毫银针：全用顶芽制成。

(2)白牡丹：一芽二叶，叶底成朵。

6. 黑茶

黑茶属于后发酵茶类，其后发酵方式有渥堆和存放陈化两种，多紧压。历史上，黑茶多为边销茶，产于四川、两湖、广西、云南等地。

黑茶的制作程序：杀青→揉捻→渥堆→复揉→干燥→蒸压成形，或者，杀青→揉捻→干燥(→散茶存放)→蒸压成形→存放。

黑茶的品质特点：香气、滋味醇和，通常叶底多老叶及梗。

(1)安化黑茶：产于湖南安化，有黑砖、花砖、茯砖“三砖”和天尖、贡尖、生尖“三尖”等品种。

(2)普洱茶：传统普洱茶，以云南乔木大叶种茶树鲜叶为原料，制作晒青绿茶即“滇青”，并存放若干年后压制而成。通常，成形后再继续存放以达到所需陈化程度才饮用。

(二)再加工茶类

再加工茶，是以绿茶、红茶、青茶、白茶、黄茶、黑茶的毛茶或精茶为原料，进行再加工或深加工制成的产品。其与原产品的外形或内质有较大区别，根据加工途径与方法的不同，可分为花茶、紧压茶、工艺花茶、袋泡茶、保健茶、速溶茶、含茶饮料等。

1. 花茶（以茉莉花茶为例）

工艺：利用茶叶的吸附性和花的吐香性制作而成。通常，以烘青绿茶为茶坯。

程序：鲜花维护＋茶坯处理→茶、花拌和→通花散热→收堆续窨→起花→复火干燥→转窨或提花→匀堆装箱。

从茶、花拌和到复火干燥为一个窨制循环，重复之即称“二窨”、“三窨”等。

特点：有茶味花香；香气以浓度、纯度和鲜灵度来衡量和描述。

茶品：茉莉银毫、茉莉珍珠。

北宋有掺香茶，贡茶龙凤团饼属此类。梅尧臣《七宝茶诗》道：“七物甘香杂芯茶。”

南宋赵希鹄《调燮类编》卷三道：“木樨、茉莉、玫瑰、蔷薇、兰蕙、橘花、栀子、木香、梅花皆可入茶。诸花开时，摘其半含半放香气全者，量茶叶多少，摘花为伴。”

明代朱权《茶谱·熏香茶法》道：“百花有香者皆可。当花盛开时，以纸糊竹笼两隔，上层置茶，下层置花，宜密封固，经宿开换旧花。如此数日，其茶自有香气可爱。有不用花，用龙脑熏者亦可。”

花茶种类很多，除茉莉花茶之外，还有白兰花茶、珠兰花茶、玳玳花茶、玫瑰花茶、桂花茶、栀子花茶等。

2. 紧压茶

又称压制茶，按工艺分为篓装黑茶和压制茶两类，后者又主要有压制黑茶、压制红茶和压制绿茶三种。

工艺：以基本茶类的成品茶为原料，蒸软、模压而成。

特点：储存方便。

细分类别如下：

篓装黑茶：有湖南的湘尖、广西的六堡茶和四川的方包茶。

压制黑茶：有湖南的黑砖茶、茯砖茶、花砖茶、花卷茶，湖北的青砖茶，四川的康砖茶、金尖茶，云南的紧茶、渥堆圆茶、饼茶和普洱沱茶等。

压制红茶：主要是湖北的米砖。

压制绿茶：有云南的生普圆茶、云南沱茶、普洱方茶等。

自古以来，茶叶形态为散、紧并存，至今也是如此，只是在总体生产或区域销售上所占比例有差异而已。

唐代陆羽《茶经·六之饮》论述：“饮有粗茶、散茶、末茶、饼茶者。”

《宋史·食货志》记载：“茶有两类，曰片茶，曰散茶。片茶……有龙凤、石乳、白乳之类十二等。……散茶出淮南归州、江南荆湖,有龙溪、雨前、雨后、绿茶之类十一等。"

欧阳修《归田录》述:"腊茶(即团茶)出于剑、建,草茶(即散茶)盛于两浙。两浙之品,日注为第一。自景佑以后,洪州双井白芽渐盛,近岁制作尤精……其品远出日注上,遂为草茶第一。"

朱元璋于洪武二十四年(1391)九月十六日下旨:"诏建宁岁贡上供茶,听茶户采进,有司勿与。先是建茶所进者,必碾而揉之,压以银板,为大小龙团。上以重劳民力,罢造龙团,惟采茶芽以进。其品有四:曰探春、先春、次春、紫笋。"

3. 工艺花茶

工艺:用茶叶和可食用花朵或花瓣为原料,经整形、轧制而成。

特点:名称寓意美好,冲泡时具有动态变化,泡开后造型美观。

茶品:仙桃献瑞、丹桂飘香。

4. 其他再加工茶

有袋泡茶、保健茶、速溶茶及速溶果味茶、速溶奶茶、含茶饮料等。

第二节 茶区划分

我国的茶叶出产区域,分布在北纬 18 ~ 37°、东经 94 ~ 122°的广阔范围内;即北迄山东荣成南至海南榆林,东迄台湾花莲西至西藏察隅。茶叶产地所涉行政区域,包括浙江、安徽、江苏、江西、湖南、湖北、云南、贵州、四川、重庆、福建、台湾、广东、广西、海南、河南、陕西、山东、西藏、甘肃等 20 个省区的上千个县市。在水平分布上,地跨热带和温带;在垂直分布上,高到云贵高原的海拔 2600 米,低到海拔几十米。在不同地区,生长着不同类型和不同品种的茶树,从而决定着茶叶的品质及其适制性和适应性,形成了一定的茶类结构。

划分农业区域,出发点是为了更好地开发利用自然资源,为合理调整生产布局、因地制宜规划和指导农业生产提供科学依据。同时,也为对茶叶的宏观把握和认识提供依据。我国国家级的茶区分为 4 个,即江北茶区、江南茶区、西南茶区、华南茶区。

一、江北茶区

南起长江,北至秦岭、淮河,西起大巴山,东至山东半岛,包括陇南、陕南、鄂北、豫南、皖北、苏北、鲁东南等地,是我国最北的茶区。江北茶区的不少地方,因昼夜温差大,茶树自然品质形成好,适制绿茶,香高味浓。茶树大多为灌木型中叶种和小叶种。

二、江南茶区

在长江以南,大樟溪、雁石溪、梅江、连江以北,包括粤北、桂北、闽中北、湘、浙、赣、鄂南、皖南、苏南等地。江南茶区大多处于低丘低山地区,也有海拔在1000米的高山,如浙江的天目山、福建的武夷山、江西的庐山、安徽的黄山等。江南茶区基本上属于热带季风气候,温和而四季分明。该区产茶历史悠久,资源丰富,名茶如西湖龙井、君山银针、洞庭碧螺春、黄山毛峰、大红袍、正山小种等,驰誉中外。所种植的茶树大多为灌木型中叶种和小叶种,以及少部分小乔木型中叶种和大叶种。该茶区是发展绿茶、乌龙茶、花茶、名特茶的适宜区域。江南茶区为我国茶叶主产区,其出产量占全国总产量的三分之二。

三、西南茶区

包括黔、川、滇中北和藏东南,是茶树原产地的中心区域。西南茶区地形复杂,大部分地区为盆地、高原;各地气候变化大,但总体水热条件较好。其茶树资源较多,栽培茶树的种类也多,有灌木型和小乔木型茶树,部分地区还有乔木型茶树。该区适制红碎茶、绿茶、普洱茶、边销茶和名茶、花茶等。

四、华南茶区

该茶区包括闽中南、台、粤中南、海南、桂南、滇南。其水热资源丰富,茶树资源也极其丰富,汇集了中国的许多大叶种茶树,适制红茶、黑茶、乌龙茶等。代表性名茶有闽南的铁观音、广东的凤凰单丛、台湾的冻顶乌龙、广西的六堡茶等。

第三节　常见常用名茶与历史名茶

所谓名茶,概指为特定消费群体或社会广泛认同,其附加值高、形质兼优、风格独特的商品茶。名茶的缘起、盛衰,在某种程度上反映了茶业和社会生活、风尚习俗的沧桑变迁。名茶的发展史和所积淀的人文意味,是茶文化的重要而富于情趣的组成部分,也是茶学素养的必要底蕴。

一、常见常用名茶

(一)绿茶

1. 西湖龙井

产于浙江杭州西湖的龙井茶区,中国绿茶的最著名茶品。"欲把西湖比西子,从来佳茗似佳人"(摘自苏轼诗集),龙井既是地名,又是泉名和茶名,历史上曾分为“狮、龙、云、虎”四个品类，至今仍以产于狮峰及其近旁的梅坞龙井品质最佳。特级西湖龙井茶扁平、光滑、挺直，色泽嫩绿光润，香气鲜嫩清高，滋味鲜爽甘醇，叶底细嫩呈朵，有“色绿、香郁、味甘、形美”四绝之称。清明节前采制的龙井茶简称明前龙井，美称女儿红，所谓“院外风荷西子笑，明前龙井女儿红”。

宋代苏轼《白云茶》诗：“白云峰下两旗新，腻绿长鲜谷雨春。”

元代虞伯生《游龙井》诗：“徘徊龙井上，云气起晴画。澄公爱客至，取水挹幽窦。坐我檐莆中，余香不闻嗅。但见飘中清，翠影落碧岫。烹煮黄金芽，不取谷雨后。同来二三子，三咽不忍漱。”

明代高应冕《龙井试茶》诗：“天风吹醉客，乘兴过山家。云泛龙沙水，春分石上花。茶新香更细，鼎小煮尤佳。若不烹松火，疑餐一片霞。”

2. 顾渚紫笋

产于浙江湖州长兴县水口乡顾渚山一带，因其鲜茶芽叶微紫、嫩叶背卷似笋壳而得名。此茶在唐代广德年间因茶圣陆羽推荐而做贡茶，诗人张文规曾描述道：“凤辇寻春半醇回，仙娥进水御帘开。牡丹花笑金钿动，传奏湖州紫笋来！”

其采制，于每年清明节前至谷雨期间，采摘一芽一叶或一芽二叶初展，经摊青、杀青、理条、摊晾、初烘、复烘等工序制成。

品质特点：极品紫笋茶芽叶相抱似笋，完整而灵秀，色泽翠绿，银毫明显，香蕴兰蕙之清，味甘醇而鲜爽；茶汤清澈明亮，叶底细嫩成朵。该茶有“青翠芳馨，嗅之醉人，啜之赏心”之誉。

3. 安吉白茶

产于浙江安吉，春季，因叶绿素缺失，在清明前萌发的嫩芽为白色。在谷雨前，色渐淡，多数呈玉白色。谷雨后至夏至前，逐渐转为白绿相间的花叶。至夏，芽叶恢复为全绿，与一般绿茶无异。正因为神奇的安吉白茶是在特定的白化期内采摘、加工和制作的，所以茶叶经瀹泡后，其叶底也呈现玉白色，这是安吉白茶特有的性状。

安吉白茶为半烘炒型绿茶或烘青绿茶。其中“凤形”安吉白茶以烘焙干燥为主，其条直显芽，壮实匀整；色嫩绿，鲜活泛金边。“龙形”安吉白茶（即安吉白龙井）则以锅炒干燥为主，其扁平光滑，挺直尖削；嫩绿显玉色，匀整。两种茶的汤色均嫩绿明亮，香气鲜嫩而持久；滋味或鲜醇或馥郁，清润甘爽，叶白脉翠。

早春白茶的游离氨基酸含量一般均在6%以上，高者甚至达9%，是普通绿茶的3~4倍；茶多酚含量则在10%~14%，酚氨比只有1.6~2.3。这种罕见的高氨低酚，也是安吉白茶香高味鲜的生化基础。

宋徽宗赵佶在《大观茶论》中说：“白茶自为一种，与常茶不同，其条敷阐，其叶莹薄，崖林之间，偶然生出，虽非人力所致，有者不过四五家，生者不过一二株。”其茶青可能与安吉白茶相仿,但制法不同。

4. 径山茶

又名径山毛峰,产于浙江余杭西北境内之天目山东北峰的径山。

外形紧细显毫,色泽翠绿;茶汤呈鲜明绿色,板栗清香持久,口感清醇回甘,叶底嫩匀成朵。

据清代《续余杭县志》记载:"产茶之地,有径山四壁坞及里坞,出者多佳,至凌霄峰尤不可多得。径山寺僧采谷雨茗,用小缶贮之以馈人。开山祖钦师曾植茶树数株,采以供佛,逾年蔓延山谷,其味鲜芳特异,即今径山茶是也。"

制作工艺要点:鲜叶摊放,小锅杀青,微型揉捻,竹笼烘焙,密封贮藏。

清代金虞《径山采茶歌》唱道:"惊雷夜展灵芽破,氤氲香浅露光涩,颇觉深山春来迟。紫黄落脚空名重,白绢斜封充锡贡。拼向幽岩觅翠丛,年年小摘携筠笼。"

庄晚芳先生曾就径山茶宴赋诗:"径山茶宴渡东洋,和敬清寂道德扬。古迹创新景色异,一杯四美八仙仰。"

5. 开化龙顶

开化县位于浙、皖、赣交界处,钱塘江源头。茶区地势高峻,山峰耸叠,溪水环绕,气候温暖湿润,地力肥沃。所谓"兰花遍地开,云雾常年润",自然环境十分优越。

开化龙顶始创于1959年,而此地所产茶叶在明代已被列为贡茶,在清道光至光绪年间(1821－1911年)则为眉茶主要产区。

清明至谷雨前,选用长叶形、发芽早、色深绿、多茸毛、叶质柔厚的鲜叶,以一芽二叶初展为标准。经摊放—杀青—揉捻—烘干至茸毛略呈白色用100℃斜锅炒至显毫—烘至足干而成。

外形壮芽紧直挺秀,银绿披毫;茶汤杏绿清澈明亮,香气馥郁持久,滋味鲜醇爽口,回味甘甜;叶底肥嫩、匀齐、成朵。

6. 六安瓜片

产于安徽六安、金寨、霍山,过去这三县均属六安府所辖,故称为六安瓜片。主产于金寨齐头山一带,《六安县志》记载:"在齐头山,峭壁数十丈,岩石覆檐……产仙茶数株,香味异常。今称齐头山茶,品味最美,商人争购之。"瓜片创制于清末,做贡茶,为历史名茶。

鲜叶采自当地特有茶树品种,经扳片、剔去嫩芽及茶梗,通过独特的传统加工工艺制成的形似瓜子的片形茶叶,是我国绿茶中唯一去梗、去芽的片茶。

炒制时,用生锅、熟锅、芒花帚和栗炭,拉火翻烘,人工翻炒。成茶单片不带梗芽,色泽宝石绿,起润有霜,形成汤色澄明绿亮、香气清高、回味悠长等特有品质。

六安瓜片的贮存,与品质的高低密切相关。要求干燥密封。目前,普遍采用镀锌铁皮茶桶包装。每桶装干茶25千克左右。老火茶下烘后趁热装桶,装桶过程中要用专用布棉垫踩捅,以便压实,用锡焊封。

清代潘世美《云雾茶》诗:"高峰直与浮云齐,望入无峰天欲低;爱探惊雷新吐英,提筐争向雾中迷。六丁帝遗获新香,不与凡夫浣俗肠;近日僧知平等法,松榆居士得分尝。"

茶学家王泽农作有《满庭芳二阕》:"更喜齐山密林,巍崖下,婉转溪流。得天厚,六安瓜片,甘香润吻喉。"

7. 太平猴魁

产于黄山北麓黄山区(原太平县)新明、龙门、三口一带,属绿茶类尖茶,创制于1900年。1915年,在巴拿马万国博览会荣膺一等金质奖。

外形两叶抱芽即所谓"两刀夹一枪",魁伟重实,扁平挺直,自然舒展,白毫隐伏,有"猴魁两头尖,不散不翘不卷边"之称。叶色苍绿匀润,叶脉绿中稳红俗称"红丝线",兰香高爽,滋味醇厚回甘,有独特的"猴韵",汤色清绿明澈,叶底嫩绿匀亮,芽叶成朵肥壮。

茶汤幽香扑鼻,醇厚爽口,回味无穷,有"头泡香高,二泡味浓,三泡四泡幽香犹存"之说,具独特"猴韵"。

其品质按传统分法为:猴魁为上品,魁尖次之,再次为贡尖、天尖、地尖、人尖、和尖、元尖、弯尖等传统尖茶。

8. 黄山毛峰

产于安徽黄山,清代光绪年间由谢裕泰茶庄创制。历史上,黄山风景区内桃花峰、紫云峰、云谷寺、松谷庵、慈光阁一带为特级黄山毛峰茶的主产地。景区周边的汤口、冈村、杨村、芳村有毛峰"四大名家"之称。

每年清明谷雨,选摘初展肥壮嫩芽,手工炒制,该茶外形微卷,状似雀舌,绿中泛黄、银毫显露俗称"象牙色",且带有金黄色鱼叶俗称"黄金片"。入杯冲泡雾气结顶,汤色清碧微黄,叶底黄绿有活力,滋味醇甘,香气如兰,韵味深长。由于新制茶叶白毫披身,芽尖峰芒,且鲜叶采自黄山高峰,遂将该茶取名为黄山毛峰。

其干燥烘焙分两个步骤完成。第一步是毛火(子烘)。一般四个烘笼并列一起,火温由95~90℃而逐个递降(幅度为5~7℃),烘后摊净。第二步是足火(老火),烘至全干,并及时拣剔,除去劣茶杂质,同时叶脉水分继续向全叶渗透,稍有"还软",再以70℃火温进行复火,使其充分干燥。

9. 碧螺春

产于江苏苏州太湖洞庭山,因茶果间作,碧螺春茶叶具有特殊的花香果味。传说清帝康熙南巡苏州,品尝"吓煞人香"而赞赏,又嫌其名不雅,遂赐称"碧螺春",并列为贡品。据《随见录》载:"洞庭山有茶,微似芥茶而细,味甚甘香,俗呼为'吓煞人香',产碧螺峰者尤佳,名碧螺春”。

碧螺春的品质特点:条索纤细、卷曲成螺、满身披毫、银白隐翠、清香淡雅、鲜醇甘厚、回味绵长,其汤色碧绿清澈,叶底嫩绿明亮。有“一嫩(芽叶)三鲜”(色、香、味)之称。当地茶农对碧螺春描述为:“铜丝条,螺旋形,浑身毛,花香果味,鲜爽生津”。

清代陈康祺《碧螺春》诗云:“从来隽物有嘉名,物以名传愈自珍。梅盛每称香雪海,茶尖争说碧螺春。已知焙制传三地,喜得揄扬到上京。吓煞人香原夸语,还须早摘趁春分。”

10. 南京雨花茶

创制于1958年,以优良品质先后获省优、部优产品称号。

外形似松针,条索紧直,两端略尖,色呈墨绿,茸毫微显,绿透银光。茶汤碧绿清澈,香气清幽,滋味醇厚,回味甘甜。

南京唐代已产茶,诗人皇甫冉《送陆鸿渐栖霞寺采茶》云:“采茶非采录,远远上层崖。布叶春风暖,盈筐白日斜。旧知山寺路,时宿野人家。借部王孙草,何时放碗花。”

11. 婺源茗眉

产于江西婺源县,始创于1958年。

其以白毫披露、纤秀如眉儿得名。工艺为“毛峰”和“明前茶”采制技术基础上的创新,其中锅炒干燥工序是形成纤秀如眉的关键,系半烘炒条型绿茶。

外形紧结纤秀,弯曲似眉,色泽翠绿光润,银毫披露;茶汤黄绿清澈,高香浓郁,滋味鲜爽甘醇,浓而不苦,回味甘甜。

12. 庐山云雾

产于江西庐山。唐代李白说:“余行天下,所游览山水甚富,俊伟诡特,鲜有能过之者,匡庐真天下之冠也。”

据《庐山志》记载:“东汉时……僧侣云集。攀危岩,冒飞泉,更采野茶以充饥渴。各寺于白云深处劈岩削谷,栽种茶树,焙制茶叶,名云雾茶。”

唐宋两代文人墨客多有赞颂之作,唐代白居易曾作诗云:“药圃茶园为产业,野麋林鹳是交游”,宋代周必大有“淡薄村村酒,甘香院院茶。”

明代李日华《紫桃轩杂缀》记述:“匡庐绝顶,产茶在云雾蒸蔚中,极有胜韵。”

高级云雾茶外形条索秀丽,嫩绿多毫;茶汤幽香如兰,滋味深厚,鲜爽甘醇,经久耐泡,汤色明亮,饮后回味香绵。

13. 蒙顶甘露

产于四川省地跨名山、雅安两县的蒙山,其上清峰有据称为汉代甘露祖师吴理真手植七株仙茶的遗址。“仰则天风高畅,万象萧瑟;俯则羌水环流,众山罗绕;茶畦杉径，异石奇话，足称名胜”，蒙山茶是中国最古老的名茶之一。

蒙顶甘露茶名，文字记载首见于明代嘉靖，后失传。现茶为1959年以“玉叶长春”和“万春银叶”的采制工艺为基础创新研制而成。其外形纤细而叶嫩芽壮，紧卷多毫，色泽嫩绿油润，身披银毫；汤色黄碧，清澈明亮；香馨高爽，味醇甘鲜，沏二遍时，越发鲜醇，使人饮后齿颊留香。

白居易《琴茶》诗：“琴里知闻惟渌水，茶中故旧是蒙山。”

唐代黎阳王《蒙山白云岩茶》诗：“若教陆羽持公论，应是人间第一茶。”

宋代文同《谢人寄蒙顶新茶诗》中有：“蜀土茶称圣，蒙山味独珍。”

宋代文彦博《谢人惠寄蒙顶茶》诗：“旧谱最称蒙顶味，露芽云液胜醍醐。”

茶名由来，一种说法是甘露在梵语里是“念祖”之意；另一种说法是茶汤似甘露。

14. 竹叶青

峨眉山产茶历史悠久而品优，宋代陆游诗曰：“雪芽近自峨眉得，不减红囊顾渚春。旋置风炉清樾下，他年奇事记三人。”明代峨眉山白水寺（今万年寺）种茶万株，采制入贡。

竹叶青是20世纪60年代由峨眉山万年寺高僧创制，因其采摘精细、制作精湛、形状扁平直滑、翠绿显毫形似竹叶，由元帅诗人陈毅建议得名。

外形扁平光润，挺直秀丽，两头尖细；内质清香浓郁，汤色嫩绿明亮，滋味鲜嫩醇爽，叶底匀嫩。

15. 都匀毛尖

产于贵州都匀市团山、大定一带，属黔南布依族苗族自治州。自明代起，就向朝廷进贡。《都匀县志》记载：“茶，四乡多产之，产于青山者尤佳，以有密林防护也。谷雨前采者曰雨前茶，最佳。细者，曰毛尖茶。”

都匀毛尖茶选用当地的苔茶良种，具有发芽早、芽叶肥壮、茸毛多、稚嫩性强的特性，内含成分丰富。优良的芽梢，为形成毛尖茶的品质提供了物质基础。

现茶为1968年恢复历史名茶、改进采制工艺而成。其有“三绿透黄色”的特色，即干茶色泽绿中带黄，汤色绿中透黄，叶底绿中显黄。其外形色泽翠绿，条索卷曲而匀整，白毫显露；茶汤清澈，香气清嫩，滋味鲜浓，回味甘甜，叶底明亮、芽头肥壮。

茶界前辈庄晚芳先生曾写诗赞曰：“雪芽芳香都匀生，不亚龙井碧螺春。”

16. 信阳毛尖

产于河南大别山北麓的信阳地区，以车云山所产品质最好。创制于清末，为历史名茶。

鲜叶要求“五不采”：不采老、不采小、不采马蹄叶（鱼叶）、不采花果（花蕾、幼小果实)、不采老枝梗。严格做到分批及时采。

制法吸取六安瓜片的帚扫杀青和西湖龙井的理条手法。外形细、圆、光、直、有锋苗,色泽银绿隐翠;内质香气高鲜,有熟板栗香,汤色碧绿明净,滋味鲜爽醇厚,回甘生津;叶底嫩绿匀整而明亮,

17. **恩施玉露**

发源于现恩施市芭蕉乡一带。相传清康熙年间,恩施芭蕉黄连溪一蓝姓茶商,垒灶做茶,成品外形紧圆、坚挺、色绿、毫白如玉,故称"玉露"。

恩施玉露是我国目前保留下来的为数不多的传统蒸青绿茶。

选用一芽一叶或一芽二叶、大小均匀、节短叶密、芽长叶小、色泽浓绿的鲜叶为原料。其整形上光是外观光滑油润、挺直紧细,汤色清澈明亮、香高味醇的重要工序,分为悬手搓和"搂、搓、端、扎"四手法交替使用两个阶段进行。

外形条索紧圆光滑、纤细挺直如针,色泽苍翠绿润,被日本商人誉为"松针";茶汤嫩绿明亮如玉似露,香气清爽,滋味醇和,芽叶复展如生,沏茶初时婷婷地悬浮杯中,继而沉降杯底,平伏完整。

18. **凌云白毫**

原名"白毛茶",又名"凌云白毛茶"。产于广西西北部的凌云、乐业两县境内的云雾山中。产区靠近云贵高原,峰峦起伏,树高林密,山泉遍布,云雾蒙蒙,气候温和湿润,春夏更是"晴时早晚遍山雾,阴雨成天满山云"。茶树多生长在800~1500米的崇山峻岭上,连片茶园多分布在峡谷溪间,土壤多为高原森林土,有机质含量高,土层深厚肥沃。

茶树品种属有性繁殖系,小乔木型大叶种,采一芽两叶。其芽叶肥壮,叶质柔软,持嫩性强,茸毫长而密,具有天然清香。

外形条索肥壮,满披白毫,色泽银灰绿色;茶汤清绿明亮,香气清高持久,滋味浓厚、鲜爽耐泡,叶底肥嫩柔软。

《中国名茶志》载:"凌云白毛茶为历史名茶,创于清乾隆以前,原产于凌云县。"

《凌云县志》载:"凌云白毫自古有之(指茶树而言),玉洪乡产出颇多。"

《广西特产物品志》(1937年)载:"白毛茶,树大者高约二丈,小者七尺,嫩叶如银针,老叶尖长如龙眼树叶而薄,皆有白色茸毛,故名,概属野生。"

19. **日本蒸青绿茶**

日本为蒸青绿茶主要生产国,按采制工艺分为玉露茶、碾茶、煎茶、玉绿茶、深蒸煎茶和番茶。

(二)红茶

1. **祁门工夫红茶**

简称祁红。主产于安徽祁门县,与其毗邻的石台、东至、黟县及贵池等县也有

少量生产。祁红创制始于清光绪二年(1876年)。1915年,在巴拿马万国博览会上获金质奖章。

唐代,祁门、休宁、歙县所产茶叶以浮梁为集散地,且祁门旧属浮梁。唐永泰元年(765)由浮梁大部和黟县一部建成阊门县,后改称祁门县。白居易被谪江州司马时期作于永泰元年(816)的《琵琶行》中有“商人重利轻别离,前月浮梁买茶去”的诗句,旁证了浮梁在当时茶叶交易中的重要地位。

国际市场把“祁红”与印度大吉岭茶、斯里兰卡乌伐的季节茶,并列为世界公认的三大高香茶,而尤以如花似蜜的“祁门香”为最。

外形条索紧秀,锋苗好,色泽乌黑泛灰光,俗称“宝光”;内质香气浓郁高长,似蜜糖香,又蕴藏有兰花香;汤色红艳,滋味醇厚,回味隽永,叶底软而红亮,在国内外享有盛誉。

2. 云南工夫红茶

简称滇红。产于云南省南部与西南部的临沧、保山、凤庆、西双版纳、德宏等地。

产地所处群峰起伏,平均海拔1000米以上。其地森林茂密,落叶枯草形成深厚的腐殖层,土壤肥沃,致使茶树高大,芽壮叶肥,生茂密白毫,即使长至5~6片叶,仍质软而嫩,尤富含多酚类、生物碱。

滇红采制工艺于1939年在凤庆与勐海县试制成功。

优质成品茶外形条索紧结,雄壮肥硕,色泽乌润,金毫特显;茶汤红浓透明而常显金圈,甜香高醇持久,滋味醇厚,富有收敛性,叶底红润匀亮。其毫色有淡黄、菊黄、金黄之分。为外销名茶。

3. 福建工夫红茶

闽红工夫茶系政和工夫、坦洋工夫和白琳工夫的统称,均系福建特产。

政和工夫产于闽北,以南平市政和县为主,松溪及浙江庆元地区所产红毛茶,也多集中于政和加工。政和工夫按品种分为大茶和小茶两种,大茶是用政和大白茶制成,是闽红三大工夫茶的上品,外形条索紧结肥状多毫,色泽乌润,内质汤色红浓,香气高而鲜甜,滋味浓厚,叶底肥壮尚红。小茶是用小叶种制成,条索细紧,香似祁红,但欠持久,汤稍浅、味醇和,叶底红匀。

坦洋工夫外形细长匀整,带白毫,色泽乌黑有光,内质香味清鲜甜和,汤鲜艳呈金黄色,叶底红匀光滑。其中坦洋、帮宁、周宁山区所产工夫茶香味醇厚,条索较为肥壮;东南临海的霞浦一带所产工夫茶色鲜亮,条形秀丽。

白琳工夫茶产于福鼎太姥山白琳、湖林一带。其外形条索细长弯曲,茸毫多叶,呈颗粒绒球状,色泽黄黑,内质汤色浅亮,香气鲜醇有毫香,味清鲜甜和,叶底鲜红带黄。

4. 正山小种

产于风景秀丽、环境优美的世界自然遗产和世界文化遗产双重遗产地、国家级自然保护区——福建武夷山崇安县星村乡桐木关一带，也称“桐木关小种”或“星村小种”。福建政和、坦洋、北岭、屏南、古田、沙县和江西铅山等地所产仿制者，统称“外山小种”。

诞生于明末清初，是中国最早而著名的红茶，早在17世纪初就远销欧洲，被当时的英格兰皇家选为皇家红茶，并因此而引发了闻名天下的“下午茶”茶饮方式。历史上的Bohea就是指“正山小种红茶”，当时它是中国茶的象征。

汤色红亮，滋味甘醇，具有天然的桂圆味及特有的松烟香。

英国17世纪著名诗人拜伦在他的著名长诗《唐璜》里深情地写道：“我觉得心儿变得那么富于同情/我一定要去求助于武夷的红茶(Bohea)……”

5. 金骏眉

创制于2005年。采茶青于武夷山国家级自然保护区内海拔1200～1800米高山的原生态野茶树，6万～8万颗芽尖制成一斤金骏眉，结合正山小种传统工艺，全程手工制作。

其外形条索紧秀，略显绒毛，色泽黑、金相间而光润。内质为金黄汤色，清澈有金圈；滋味鲜活甘爽，香味为果、蜜、花、薯等复合型，杯底香持久；叶底古铜色，芽尖鲜活，秀挺亮丽。

(三)青茶

1. 安溪铁观音

既是茶叶，又是茶树品种名称，相传于清雍正年间在安溪西坪尧阳发现并开始推广。“红芽歪尾桃叶”是纯种铁观音叶张的重要特征，其为制作乌龙茶的特优茶树品种。

外形茶条卷曲，肥壮圆结，沉重匀整；色泽砂绿鲜润，久而带霜，整体呈青蒂绿腹蜻蜓头状。茶汤金黄浓艳似琥珀，天然的兰花香、桂花香浓郁持久，滋味醇厚鲜爽，回甘悠久，俗称的“音韵”有层次和厚度；叶底(毛茶)枝身圆，梗皮红亮，叶柄宽肥厚，叶片肥厚软亮，叶面呈波状，称“绸缎面”。

上品铁观音叶身沉重，取少量茶叶放入茶壶，可闻“当当”之声，其声清脆为上；汤色金黄，浓艳清澈，茶叶冲泡展开后叶底肥厚明亮、叶背外曲，具绸面光泽；香味鲜溢，芬芳扑鼻且馥郁持久。

2. 黄金桂

以黄棪(又名黄旦)品种茶树嫩梢制成的乌龙茶，因汤色金黄色，又有奇香似桂花而命名。清咸丰年间(1850－1860年)原产于安溪罗岩。

植株为小乔木型，中叶类，萌芽、采制早。叶为椭圆形，先端缩小，叶片薄。

外形条索紧细匀整，色泽润亮金黄。内质香气高锐鲜爽，带桂花香型，有“未尝清甘味，先闻透天香”之誉；滋味浓爽，汤色浅金黄明亮；叶底黄亮柔软，红边显。

3. 白芽奇兰

芽叶生育力强，发芽较密，持嫩性强。一芽三叶盛期在4月下旬。

外形紧结匀整，色泽翠绿油润，香气清高持久，兰花香味浓郁；茶汤杏黄明亮，滋味醇厚，鲜爽回甘，汤色叶底肥软。白芽奇兰茶干嗅能闻到幽香，冲泡后兰花香更为突出。

4. 武夷岩茶

武夷山因典型的丹霞地貌和深厚的人文传承被列为世界自然与人文遗产地。

生态环境：群峰相连，峡谷纵横，溪流萦绕其间；茶园土壤发育良好，土层深厚、疏松、肥力好。气候温和，雨量充沛；在深坑巨谷之间，利用岩凹石隙，沿边砌筑石岸，形成“岩岩有茶，非岩不茶”的奇特栽培方式。

武夷茶最早的茶名“晚甘侯”源自唐代孙樵（约825－885年）的《送茶与焦刑部书记》：“晚甘侯十五人，遣侍斋阁。此徒皆乘雷而摘，拜水而和。”

南宋理学家朱熹在武夷山创设紫阳书院，在五曲溪中矶石上，有其手书“茶灶”二字，其诗曰：“仙翁遗灶石，宛在水中央。饮罢方舟去，茶烟袅细香。”他评价武夷茶为诸茶中最具中庸之道，因其“不浓不淡、不厚不薄归于中，且正且长、醇和适当归于庸”。

武夷名丛是从大量菜茶品种选育形成的茶树优良单株的总称，其自然品质优异，风格独特。其均产于岩凹石壁之上，产量不多，通常其发现、培育和制作都与寺庙有关。传统四大名丛有大红袍、白鸡冠、铁罗汉、水金龟，现当家品种为水仙和肉桂。

（1）大红袍

大红袍为武夷山原生茶树品种，母树生长于景区九龙窠悬岩半壁，树龄三百年以上。民间考证，九龙窠石壁茶树旁摩崖石刻有“大红袍”三字，系1930年崇安县长原书，名称则为天心寺僧所起。

以无性繁殖培育的纯种大红袍茶树，由福建省茶科所和所在县茶场研究栽培成功，采制的成品茶品质可以媲美母树原料所制。以其他品种茶树的鲜叶为原料，拼配焙制成的是品质和风格相似的大红袍商品茶。

外形条索紧结壮实、稍扭曲，色泽绿褐鲜润带宝光，俗称“砂绿润”，叶背起蛙皮状砂粒，俗称“蛤蟆背”。内质，汤色深橙黄而明亮，香气高锐悠长，滋味醇厚、回味甘爽、“岩韵”明显，叶底软亮匀齐、红边或带朱砂色。

大红袍的三节色、蛤蟆背和三红七青介绍如下：

“三节色”：专指干茶特点。具体的是干茶的头部呈乌褐色，尾部呈浅红色等三种色彩。可以说“三节色”是武夷岩茶的典型特征。

“蛤蟆背”:体现岩茶传统烘焙的火功特征之一。采用传统岩茶制法,在经过较长时间的焙火后,局部受热膨胀,在茶叶表面鼓起小泡点,状似蛤蟆背。一般干茶较难发现,泡开后的叶底比较容易观察到。

“三红七青”:指茶的发酵程度较重,其叶底周边红色,中间青色,三分红边七分青叶,亦称“绿叶红镶边”。

(2)白鸡冠

在慧苑岩火焰峰下外鬼洞和武夷山公祠后山的茶树,芽叶奇特,叶色淡绿,绿中带白,芽儿弯弯又毛茸茸的,那形态就像白锦鸡头上的鸡冠,故名白鸡冠。制成的茶叶色泽米黄呈乳白,汤色橙黄明亮,入口齿颊留香,神清目朗,其功若神,人们就称这棵茶树为“白鸡冠”。

(3)铁罗汉

茶名最早见于宋代郭柏苍《闽产异录》,原产于慧苑岩鬼洞。

香气浓郁清长,有铁罗汉的独特香气,岩韵显;味醇厚,爽口回甘。外形紧结,色泽青褐较油润,香气细而含蓄,有天然花香味,滋味醇厚甘爽,回甘强。汤色金黄明亮,叶底软亮显红边。

(4)水金龟

产于武夷山区牛栏坑社葛寨峰下的半崖上。据传原生于天心岩,因一场大雨引发洪水将它连根拔起冲带到牛栏坑,其树长大成丛后,树形敦实如龟体、枝干纵横如龟背纹路,叶片油绿肥厚似金龟;又有一说系树上鲜叶浓密且闪光,宛如水中金色之龟而得名。每年5月中旬采摘,以二叶或三叶为主。

外形紧结,色泽墨绿带润,绿里透红;香气清细幽远,滋味甘醇浓厚;汤色金黄,叶底软亮。

5. 肉桂

茶树为武夷山原生灌木型中叶类。据《崇安县新志》载,在清代就有肉桂(也称玉桂)之名,其名得自于叶片和香气与武夷“玉桂”桂花树相似。该茶是用肉桂良种茶树鲜叶,以岩茶方法而制成,为武夷岩茶中的高香品种。因其品质优异,性状稳定,不仅为如今武夷岩茶的当家品种,而且广为引种。

外形匀整卷曲,色泽褐绿,油润有光,部分叶背有青蛙皮状小白点,干茶嗅之有甜香,佳品常有一层极细的白霜;茶汤橙黄清澈,香气辛锐持久,桂皮香明显,佳者带乳味;入口醇厚回甘,咽后齿颊留香,茶汤叶底匀亮,红点鲜明,呈淡绿底红镶边。

6. 水仙

茶树品种属小乔木大叶类,原产于福建建阳县小湖乡岩叉山祝仙洞,距离武夷山核心景区数十里,水仙名即源自“祝仙”的方言谐音。其发芽较晚,春季茶一般要到清明后开采。

成品茶外形条索粗壮，呈油亮蛙皮青或乌褐色，干嗅有幽而甜柔的兰花香，也有带乳香和水仙花香的。开汤后，香味更为明显，滋味醇厚，有明显的甘、鲜感，口感厚稠而滑爽，回味长久。其正岩者，三四泡韵味最佳，七泡犹觉甘醇。

武夷茶区，素有“醇不过水仙，香不过肉桂”之说。

7. 凤凰单丛

凤凰水仙原产于广东省潮安县凤凰山区。传说南宋末年，宋帝赵昺南下潮汕，路经凤凰山区乌岽山时甚渴，侍从采下一种叶尖似鸟嘴的树叶烹制，饮之止咳生津，立奏奇效。从此广为栽植，称为“宋种”，迄今已有900余年历史。现在乌岽山尚存有300～400年老茶树，被称为宋种后代，最大一株名“大叶香”，树高5～8米，宽7.3米，茎粗34厘米，有5个分枝。

凤凰水仙由于选用原料优次和制作精细程度不同，按成品品质依次分为凤凰单丛、凤凰浪菜和凤凰水仙三个品级。从凤凰高山上的水仙群体品种中选取优异单株，经单株培育、单株采摘、单株制作的为优质产品，较次为浪菜级，再次为水仙级。

凤凰单丛有“形美、色翠、香郁、味甘”之誉，外形茶条挺直肥大，色泽黄褐呈鳝鱼皮色，油润有光。内质汤色橙黄清澈，沿碗壁显金黄色彩圈；具天然花香，香高持久；滋味醇爽回甘，耐泡；叶底肥厚柔软，边缘朱红，叶腹黄亮。

其香型均属天然，且丰富多彩，主要有蜜兰香、芝兰香、黄枝香、桂花香、杏仁香、玉兰香、夜来香、肉桂香、茉莉香、柚花香等。

8. 冻顶乌龙

产自我国台湾中部，邻近溪头风景区海拔600～1200米的南投县、云林县、嘉义县等地。在我国台湾高山乌龙茶中最负盛名。

所谓冻顶，系其山多雾，路陡滑，上山采茶都要将脚尖“冻”起来，避免滑下去，山顶叫冻顶，山脚叫冻脚。故而冻顶茶产量有限，尤为珍贵。

其为我国台湾包种茶的一种，所谓“包种茶”，其名源于福建安溪，当地茶店售茶均用两张方形毛边纸盛放，内外相衬，放入茶叶4两，包成长方形四方包，包外盖有茶行的唛头，然后按包出售，称之为“包种”。

台湾包种茶属轻度或中度发酵茶，也称“清香乌龙茶”。包种茶按外形不同可分为两类，一类是条形包种茶，以“文山包种茶”为代表；另一类是半球形包种茶，以“冻顶乌龙茶”为代表。素有“北文山、南冻顶”之美誉。

外形条索自然卷曲成半球形，整齐紧结，色泽翠绿有光泽，干茶显香。内质，清香带自然花香、果香，汤色蜜黄至金黄，清澈明亮，滋味醇厚甘润、富活性、回韵强，叶底柔嫩连理带芽。

9. 东方美人

又名白毫乌龙、香槟乌龙、椪风茶，为半发酵青茶中发酵程度最重的茶品，一般发酵度为50% ~60%，有些则高达75% ~85%，故不会留有任何青臭味，且不苦不涩。主要产地在我国台湾的新竹、苗栗一带，坪林、石碇一带也有生产。

东方美人茶名字的由来，据说是英国茶商将此茶献给维多利亚女王，其黄澄清透的色泽与醇厚甘甜的口感，令她赞不绝口，既然来自东方的中国台湾省，遂赐名"东方美人茶"。

采收期在芒种到大暑中间的炎夏六七月份，即端午节前后10天。东方美人茶最特别的地方在于，茶菁必须让小绿叶蝉（又称浮尘子）叮咬吸食，昆虫的唾液与茶叶内含物化合出特别的香气。茶品的高低在原料方面主要决定于小绿叶蝉的叮咬程度，这也是东方美人茶醇厚、果香蜜味的来源。

为使小绿叶蝉生长良好，东方美人茶在栽培管理上绝不使用农药，因此生产较为不易，也更显其珍贵。

手工采摘一芽一叶或二叶，再以传统技术精制而成。制茶过程的特点，在于炒青中止发酵后需多一道以布包裹、置入竹篓或铁桶内的静置回润或称回软的二度发酵程序，再进行揉捻、解块、烘干而制成毛茶。

外形不看重条索紧结，白、绿、黄、红、褐五色相间，以白毫越多越高级。内质汤色呈琥珀色，滋味圆柔甘醇，并带有熟果香和蜜糖香，叶底淡褐有红边，芽叶成朵。

（四）黄茶

1. 君山银针

产于湖南岳阳洞庭湖君山岛。

茶青全部为肥嫩芽头。外形芽头肥壮，挺直匀齐，色泽内呈橙黄色，外裹一层淡黄色茸毫，故得雅号"金镶玉"；又因茶芽外形很像一根根银针，故得此名。内质汤色橙黄清澈，香气清鲜，滋味甘醇甜爽，叶底肥厚匀亮，久置不变其味。

冲泡后，芽竖悬汤中冲升水面，徐徐下沉，再升再沉，三起三落，形如群笋出土，又像银刀直立，蔚成奇观。

2. 莫干黄芽

主产于浙江德清县西部的南路乡，位于莫干山的北麓。

早在晋代佛教盛行时，即有僧侣上莫干山结庵种茶。清乾隆《武康县志》载："莫干山有野茶、山茶、地茶，有雨前茶、梅尖，有头茶、二茶，出西北山者为贵。"西北山即为莫干山主峰塔山。清道光《武康县志》载："茶产塔山者尤佳，寺僧种植其上，茶吸云雾，其芳烈十倍。"

外形细紧匀齐略勾曲，茸毛显露，色泽绿润微黄；内质汤色橙黄明亮，香气清鲜，滋味醇爽，叶底嫩黄成朵似莲心。

3. 蒙顶黄芽

产于四川名山县蒙顶山。

外形芽叶整齐、扁直，色泽微黄、显毫；内质汤色黄亮，滋味鲜醇回甘，叶底嫩匀，黄绿明亮。

包黄是形成蒙顶黄芽品质特点的关键工序。将杀青叶迅速用草纸包好，使初包叶温保持在55℃左右，放置60～80分钟，中间开包翻拌一次，促使黄变均匀。待叶温下降到35℃左右，叶色呈微黄绿时，进行复锅再炒。

4. 霍山黄芽

产于安徽霍山县金鸡山、金竹坪、乌米尖、金家湾等大别山腹地的佛子岭水库上游。

霍山黄芽源于唐朝之前。唐李肇《国史补》把寿州霍山黄芽列为十四品目贡品名茶之一。霍山黄芽唐时为饼茶，唐《膳夫经手金录》载："有寿州霍山小团，此可能仿造小片龙芽作为贡品，其数甚微，古称霍山黄芽。乃取一旗一枪，古人描述其状如甲片，叶软如蝉翼，是未经压制之散茶也。"

外形条直微展，匀齐成朵，形似雀舌，嫩绿披毫；内质汤色黄绿、清澈明亮，清香鲜爽，有熟栗子香，滋味鲜醇浓厚回甘，叶底黄亮、嫩匀厚实。

（五）白茶

1. 白毫银针

主产于福建省福鼎、政和两地。

采单芽或一芽二叶"抽针"即剥下叶片为原料，成品茶因白毫密披、色白如银，全为肥芽、形状似针而得名。

外形芽头肥壮，满披白毫，挺直如针，色泽银亮；内质汤色浅杏黄，香气清鲜、毫味鲜浓，滋味鲜爽微甜。

2. 白牡丹

主产于福建省福鼎、政和两地。

采摘标准以春茶为主，一般为一芽二叶，并要求"三白"，即芽、一叶、二叶均要求有白色茸毛。因绿叶披银毫、形似花朵而得名。由于长时间萎凋，叶脉微红，夹于叶片之中，呈绿叶红筋，故有"红装素裹"之誉。

外形芽叶连枝，叶缘垂卷、叶态自然呈波纹隆起；叶色灰绿，夹以银白肥壮毫心，呈"抱心形"；内质汤色杏黄或橙黄清澈，毫香高长，滋味鲜醇清甜，叶底浅灰，叶脉微红，嫩匀肥厚。

3. 贡眉

以"小白"菜茶茶树品种的芽叶制成。叶张小，毫心也小。

优质的贡眉成品茶毫心明显，茸毫色白且多，干茶色泽翠绿，冲泡后汤色呈橙色或深黄色，叶底匀整、柔软、鲜亮，叶片迎光看去，可透视出主脉的红色，品饮时感觉滋味醇爽，香气鲜醇。但总体上逊于白牡丹。

4. 寿眉

以低级鲜叶或制作银针时“抽针”即择下顶芽而剥离的单片叶制成的白茶。宜存放若干年后饮用。

（六）黑茶

1. 安化黑茶

主产于湖南益阳安化县而得名。

安化在15世纪的明代前期参照四川乌茶的制造方法，加以改进，制成黑茶。乌茶是蒸青（水煮）茶，黑茶是杀青（锅炒）茶，相比之下，黑茶除掉了青叶气，滋味醇和，有松烟香，更受西北各少数民族的欢迎。当时，西藏喇嘛常至京师礼佛朝贡，要求赏赐。回藏时，明朝廷赏给许多礼物，其中茶叶是大宗，指定由四川官仓拨给，但喇嘛们却绕道湖广收买私茶。湖广黑茶最合他们的口味，而黑茶主产于安化一带，后统称安化黑茶。

把茶叶制作成立柱的形状，经过炒、渥、蒸、踩等数道工序，一方面增加了有限体积内茶叶的重量，另一方面是黑茶品质形成之必需。“百两茶”、“千两茶”系列有一个总的称呼——花卷。有三重含义：一是用竹篾捆束成花格篓包装；二是黑茶原料含花白梗，特征明显；三是成茶身上有经捆轧形成的花纹。茶呈圆柱体，像一本卷起来的书，故称“花卷”。另外，在“祁州卷”和“绛州卷”之外，有老牌本号加料绛州卷，它品质最高，号称“卷王”，历史上产量极少。

一般以一芽四五叶鲜叶为原料。毛茶外形条索尚紧，色泽尚黑润，内质香气纯正，带松烟香，汤色橙黄，滋味较醇和，叶底黄褐。

2. 四川边茶

四川边茶分南路边茶和西路边茶两类，西路边茶的毛茶色泽枯黄，是压制“茯砖”和“方包茶”的原料；南路边茶是压制砖茶和金尖茶的原料。

南路边茶品质优良，经熬耐泡，制成的“做庄茶”分为4级8等。做庄茶的特征为茶叶质感粗老，且含有部分茶梗，叶张卷折成条，色泽棕褐有如猪肝色，内质香气纯正，有老茶的香气，冲泡后汤色黄红明亮，叶底棕褐粗老，滋味平和。

“毛庄茶”也叫作“金玉茶”，其叶质粗老不成条，均为摊片，色泽枯黄，无论是外形、香气，还是滋味都不及“做庄茶”。

南路边茶最适合以清茶、奶茶、酥油茶等方式饮用，深受藏族人民的喜爱。

3. 六堡茶

原产于广西苍梧县六堡乡，后发展到广西二十余县。

采摘一芽二三叶，经摊青、低温杀青、揉捻、渥堆、干燥制成。分特级、一级至六级。有特殊的槟榔香气,存放越久品质越佳。

外形条索紧结、色泽黑褐光润;内质汤色红浓明亮,香气纯陈,滋味浓醇甘爽,显槟榔香味,叶底红褐或黑褐色,具有所谓“红、浓、醇、陈”的特点。

4. 普洱茶

产于云南澜沧江流域的西双版纳及思茅(县名已改称普洱)等地,因集中于普洱镇加工、销售,故得此名。

按《地理标志产品 普洱茶》国家标准所述,普洱茶以地理标志保护范围内的云南大叶种晒青绿茶为原料,并在此区域范围内采用特定工艺加工制成、具有独特品质风格的茶叶。

国标规定的普洱茶地理标志产品保护范围包括:云南省昆明、楚雄、玉溪、红河、文山、普洱(原思茅)、西双版纳、大理、保山、德宏、临沧等11个州(市)75个县(市、区)639个乡(镇、街道办事处)现辖行政区域。

按照工艺和品质特征,普洱茶分为属于绿茶的普洱生茶和属于黑茶的普洱熟茶两种。

(七)再加工茶(以茉莉花茶为例)

茉莉花茶是我国花茶中最主要的茶品。主产于广西的横县、福建的福州、江苏的苏州、四川的峨眉等地。

常见茶品有茉莉春毫、茉莉银毫、茉莉珍珠等。

由原苏州茶厂创制的茉莉苏萌毫,是唯一获得原农牧渔业部优质名茶称号的产品,是以高档烘青绿茶和苏州优质茉莉经“六窨一提”精制而成。其外形条索紧细匀直,色泽绿润显毫,香气鲜灵持久,汤色黄绿明亮,滋味醇厚鲜爽,叶底嫩黄柔软。

宋代施岳《步月·茉莉》词中描绘道:

玉宇熏风,宝阶明月。翠丛万点晴雪。炼霜不就,散广寒霏屑。采珠蓓、绿萼露滋,嗔银艳、小莲冰洁。花魂在、纤指嫩痕,素英重结。

枝头香未绝。还是过中秋,丹桂时节。醉乡冷境,怕翻成消歇。玩芳味、春焙旋熏,贮秾韵、水沈频爇。堪怜处,输与夜凉睡蝶。

二、历史名茶

名茶一词,据现存文史资料最早记载的见于东晋常璩《华阳国志》:“南安、武阳,皆出名茶。”

唐代李郢《茶山贡焙歌》写道:“十日五程路四千,到时须及清明宴”,是当时名茶作为贡茶在生产和送达时间上的严格要求。卢仝《走笔谢孟谏议寄新茶》写道:“天子须尝阳羡茶,百草不敢先开花”,则透露出与长兴顾渚紫笋齐名同为贡茶的阳羡紫笋,在唐代整个贡茶产供体系中占有特殊地位的信息。

唐代李肇《国史补》记载:“风俗贵茶,茶之名品亦众。剑南有蒙顶石花,或小方或散芽,号为第一。东川有神泉小团、昌明兽目,峡川有碧涧、明月、芳蕊、茱萸。福州有方山之露芽,夔州有香山,江陵有楠木,湖南有衡山。岳州有淄湖之含膏,常州有义兴之紫笋。婺州有东白,睦州有鸠坑。洪州有西山之白露,寿州有霍山之黄芽,蕲州有蕲门团黄。”可见当时名茶已非零星一二。

宋代产供时间最早的贡茶,来自福建北苑,其前身则是南唐皇家所属。熊蕃《宣和北苑贡茶录》记载:“五代之季,建属南唐。岁率诸县民,采茶北苑。初造研膏,继选腊面,既又制其佳者,号曰京鋌。圣朝开宝末,下南唐。太平兴国初,特置龙凤模,遣使即北苑造团茶,以别庶饮。龙凤茶,盖始于此。”接受南唐遗产的宋代北苑贡茶,在品第和形制上有堪称奢侈的要求和发展,记有龙园胜雪、万春银叶、玉叶长春、瑞云翔龙、长寿玉圭、上品拣芽、密云龙、雀舌鹰爪、银线水芽、龙焙贡新等五十余个品目。而《宋史·食货志》记载产于东南的名茶有:“顾渚生石上者,谓之紫笋。毗邻之阳羡、绍兴之日铸、婺源之谢源、隆兴之黄龙、双井,皆绝品也。”

著名文学家欧阳修,则对产于自己家乡的名茶颇为自豪。在他的《归田录》中记载:“草茶盛于两浙,两浙之品,日注第一。自景祐以后,洪州双井白芽渐盛,近岁制作尤精,囊以红纱,不过一二两,以常茶十数斤养之,用辟暑湿之气,其品远出日注上,遂为草茶第一。”洪州,即今江西南昌。

元代,贡茶仍以蒸青紧压茶为主,但民间已广泛饮用散茶。王祯《农书》记载,当时有茗茶、末茶和腊茶三种。茗茶为芽茶和叶茶,末茶为“先焙芽令燥,入磨细碾”而成,腊茶即腊面茶、团茶和饼茶,而以“腊茶最贵”,且多为贡茶。

元代贡茶的主要产地,已由建安转移到武夷山地区。董天工《武夷山志》载:“至元十六年(1279),浙江行省平章高兴,过武夷制石乳数斤入献。”

明代,太祖朱元璋在洪武年间下诏“惟采茶芽以进”,强劲促进了炒青技术的发展,名茶品目由此大量增加。据顾元庆《茶谱》、屠隆《茶笺》和许次纾《茶疏》等记载,明代见诸文字的茶有一百多种。

清代名茶,有些自明代传承,有些属新创。在清代近300年的历史中,发展完成了我国茶叶的种类格局,其中不少优良的茶叶品目,继续保留至今,即为历史名茶。

第四节　茶叶储藏和包装

成品茶叶具有很强的吸附性,包括对水分和气味的吸收与附着,这源于其毛细孔遍布表里、贯通叶梗的组织结构和所含亲水性的果胶等化学成分。同时,它所含叶绿素、多酚类、酯、醛、酮类等呈色、呈味、呈香物质又会因光热作用、非酶氧化而发生降解等物质转化，使得茶叶风味和品质发生变化。这类变化并非一概负面，但即使是作为品质特点所需要的物质转化，也仍然有程度上的合理性要求。缘于此，茶叶的储藏保管条件和运输销售包装，需要因茶而异，采取相应妥当的措施和方法，才能获得既经济合理又符合茶叶品质判断的特殊性存储和包装效果。

一、茶叶储藏

1. 常温储藏

是常温条件下的保管，若有一定批量，多存储于常温仓库（俗称“热库”）。无论存储或展示，都须清洁卫生、干燥、避光、无异味，不宜与其他物品混放。

2. 低温冷藏

是低温条件下的保管，店铺用量小的，用冰箱冰柜；用量大则用低温仓库（俗称“冷库”）。通常，温度设置在 2～7℃范围，实际温度控制在 0～10℃范围。茶叶须密封包装，且同样不宜与其他物品混放。

3. 传统存储方式

江南一带存储绿茶，传统存储方式有用牛皮纸包成小包，放入摆有生石灰块的大缸或瓮中，并置于建筑北侧空间及避光阴凉处。所用生石灰块，既可吸收空气中水分又有一定的杀虫消毒作用，有效而经济实用。

二、茶叶包装

茶叶属于食品中的饮料，其包装目的在于在流通和存储过程中，防止生物、化学和物理等外来因素的损害，并保持本身质量的稳定、符合 QS 标准，且方便需要时启封取用。作为展示、携带、礼品等用途的包装，也要在符合牢固、防潮、卫生、整洁、美观和具备格调的同时，能够得体、经济合理而不过度，从而体现既“精行”又“俭德”的茶文化精髓。

1. 包装材料

有金属、玻璃、陶瓷、纸质、塑料、复合材料、天然材料等，其中，对于无须冷藏或短时间内用完的茶叶，取材于竹的箬叶和编织物、内附铝箔的牛皮纸、陶瓷制品更为适用，切忌有异味者。

2. 包装形式

有袋、盒、罐、筒、柱、箱等，处于商品流通阶段，须附规定信息。

3. 包装层次

紧贴茶叶的为内包装，外观所见为外包装；简单的只有一层，复杂的礼品可多到四层。

4. 包装方式

按采取的技术手段分为：真空包装、充氮包装、无菌包装、自然散装等。

第五节　茶叶审评

陆羽《茶经 三之造》论述道：

茶有千万状，卤莽而言，如胡人靴者，蹙缩然；犎牛臆者，廉襜然；浮云出山者，轮囷然；轻飙拂水者，涵澹然；有如陶家之子罗膏土，以水澄泚之也；又如新治地者，遇暴雨流潦之所经；此皆茶之精腴。

有如竹箨者，枝干坚实，艰于蒸捣，故其形籭簁然；有如霜荷者，茎叶凋沮，易其状貌，故厥状委萃然；此皆茶之瘠老者也。

自采至于封，七经目。自胡靴至于霜荷，八等。

或以光黑平正言嘉者，斯鉴之下也。以皱黄坳垤言佳者，鉴之次也。若皆言佳及皆言不佳者，鉴之上也。

何者？出膏者光，含膏者皱；宿制者则黑，日成者则黄；蒸压则平正，纵之则坳垤；此茶与草木叶一也。茶之否臧，存于口诀。

由文可知，这是论述因原料的老嫩和制作的工艺所形成茶叶外观的差异，总体而言，陆羽将茶叶按外观分为八等，而茶叶品质的高下，却不能仅凭外观判断，所谓“存于口诀”的“否臧”，较大可能就是通过对煎煮成的茶汤的品鉴来进行的，也就是现在的“开汤”湿评内质。

一、评茶概述

茶叶审评，顾名思义是“审而评之”，即先作鉴别、对比，后下评语。茶叶审评的方法是感官审评（Sensory Evaluation of Tea），其过程是使用规范的器具、按照规范的程序使被评茶样呈现其外形和内质，以评茶员的眼、鼻、舌、手等感觉器官进行感受和比较，以判断茶样的品质特点和高低。

茶叶感官审评的立足点，在于茶叶作为饮料的根本用途是解渴和品尝，在于感官体验。同时，感官审评具有直接、迅捷的长处，被视为判断茶叶品质之优次和风格的根本方法。而理化分析尚未真正形成与感官感受相对应的方法和指标体系，虽已具备一定的发展历史和器具设备但仍主要运用于一般品质界定和卫生属性判断，而未能周全反映茶叶内含成分与其级别和更为丰富、细致的风格特点的对应关系。理化分析至今未成为茶叶审评的主要方法，也缘于对设备条件的相应要求相对于感官审评要高得多的原因。

茶叶作为饮料，归根结底是由人来判断其优劣和感受其特点的，科学仪器设备及其测试指标体系至今尚未能够代替。

必须深刻理解，以具备茶叶采制知识和审评理论为基础，评茶人员有效地进行茶叶感官审评有如下必要前提：

① 正确掌握因子审评法，评茶时其身体尤其是感官状态处于正常感受能力范围内。

② 具备整套器具设备，至少是基本条件，如照明、开水、开汤器具和记录纸笔。

③ 审评茶样和对照茶样。

④ 明确审评目的和主要关注点。

二、评茶类型与流程

以茶、水用量（对应审评杯碗规格）、浸泡时间的差异，感官评茶分为四种类型：

1. 基本类型，也称通用型。茶样 3 克，沸水 150 毫升，浸泡 5 分钟。操作规程为：

干、湿评台准备→出茶匀样→取样→称样→冲泡→评外形（含摇盘、簸盘）→出（沥）茶汤→快看汤色→热嗅→尝滋味→温嗅→冷嗅→评叶底→写评语。

审评杯容量，150 毫升；审评碗容量，200 毫升。

2. 传统类型。茶样 5 克，沸水 110 毫升，浸泡三次，分别用时 2 分钟、3 分钟、5 分钟。

审评杯容量，110 毫升；审评碗容量，110 毫升。

操作规程与基本类型大致相同，但闻香气部分，在出汤前增加一次湿嗅。三次开汤，也各有审评的偏重。

3. 毛茶类型。茶样 4 克，沸水 200 毫升，浸泡 5 分钟。操作规程与基本类型一致。

审评杯容量，200 毫升；审评碗容量，250 毫升。

4. 紧压类型。紧压茶种类多，先干评外形，以形状完整、花纹图案清晰、轮廓分明、厚薄一致、无脱面、具有各自茶品色泽特征为优。湿评取样，需在茶面选若干点，用电钻穿孔，将所得茶样充分混匀后称取试样。开汤用茶量、水量各不相同，见下表：

茶名	金尖	芽细	康砖	方包	茯茶	紧茶	饼茶
开汤方式	煮渍	冲泡	煮渍	煮渍	煮渍	泡或煮	冲泡
茶量（克）	5	3	5	10	5	3	3
水量（毫升）	250	150	400	500	400	150	150
茶水比例	1:50	1:50	1:80	1:50	1:80	1:50	1:50
煮泡时间（分钟）	10	10	10	10－15	10	8	15

三、评茶因子与权重

依据审评内容，感官评茶可分为五项评茶法和八因子评茶法两种。总体而言，两者的差异在于八因子评茶法的外形四因子在五项评茶法中合为外形一项。

（一）各因子的审评要素

1. 外形审评：干茶的条索、嫩度、色泽、匀整度、净度等。

若分解为八因子评茶法中的干评外形四因子，则为：

① 条索。茶叶的外形规格。

② 色泽。颜色和光泽，颜色比对色调和饱和度，光泽对比润枯、鲜暗、匀杂等。

③ 净度。茶叶中含夹杂物的有无、多少。

④ 整碎。外形的匀整程度。

2. 汤色审评：茶叶冲泡后形成溶液所呈现的色泽，比对其颜色种类与色度深浅、明暗度、清浊度等。

3. 香气审评：茶叶冲泡后随水汽挥发的气体，分三次进行：热嗅纯异、温嗅类型和浓淡、冷嗅长短即持久性等。

4. 滋味审评：醇正的滋味辨别其浓淡、强弱、厚薄、鲜、爽、醇、和；不醇的滋味辨别其：钝、苦、涩、粗、异等。

5. 叶底审评：冲泡后叶张的嫩度、色泽、明暗度、匀整度；并以手指按揿叶底对比其软硬、厚薄等，再看芽头和嫩叶含量、叶张的卷摊、光糙等。

相对而言，运用加权的五项评茶法审评，得到的结果比较具有综合性，这也是与国外茶叶审评要领更靠近的一种，运用此法有利于同国际的接轨和互换。

（二）评茶因子的权重

茶叶品质的判断，各因子的重要程度因茶类而异。因此，实际评茶时对各因子要加上权数，以获得更符合茶类特点的审评结果。根据《茶叶感官审评方法》国家标准（2009 年 9 月 1 日实施），稍作同值合并如下：

各类茶品质因子评分系数(%)

<table>
<tr><th>茶类</th><th>外形(a)</th><th>汤色(b)</th><th>香气(c)</th><th>滋味(d)</th><th>叶底(e)</th></tr>
<tr><td>名优绿茶</td><td>25</td><td>10</td><td>25</td><td>30</td><td rowspan="10">10</td></tr>
<tr><td>大宗绿茶</td><td>20</td><td>10</td><td>30</td><td>30</td></tr>
<tr><td>工夫红茶</td><td>25</td><td>10</td><td>25</td><td>30</td></tr>
<tr><td>红碎茶</td><td>20</td><td>10</td><td>30</td><td>30</td></tr>
<tr><td>乌龙茶</td><td>20</td><td>5</td><td>30</td><td>35</td></tr>
<tr><td>黑散茶</td><td>20</td><td>15</td><td>25</td><td>30</td></tr>
<tr><td>黑压制茶</td><td rowspan="3">25</td><td rowspan="3">10</td><td rowspan="3">25</td><td rowspan="3">30</td></tr>
<tr><td>白茶</td></tr>
<tr><td>黄茶</td></tr>
<tr><td>花茶</td><td>20</td><td>5</td><td>35</td><td>30</td></tr>
</table>

四、评茶术语

评茶术语，简称评语，是记述茶叶品质感官审评判断结果的专业术语。学习和正确运用评语，是实现茶叶审评科学性的必要前提。

评语分等级评语和对样评语两种。等级评语反映各级茶的品质要求和级差特性，如绿茶珍眉的外形条索，特级茶的“细嫩多毫”高于一级茶的“紧细匀齐”，更高于二级茶的“紧结匀整”。对样评语反映审评样（即被评茶样）相对于对照样的品质差距，是相比较而具有意义的表述而不反映等级特征，即同一评语可用于不同等级的茶样品质表述，如“紧实”一词表明审评样的条索紧实度高于对照样，而“粗松”表明审评样的相对粗松却并不表示其等级的低下。

部分评语的褒贬含义并非一成不变，却是因茶而异。最明显的例子是，“陈味”和“烟味”对一般茶而言均属缺点，甚至意味着劣质，但普洱茶和六堡茶必须具有“陈味”、小种红茶和安化黑茶以“烟味”为其品质特点，当然其表述也相应改为明确为褒义的“陈香味”和“松烟香”。可见，评语的褒贬相关于茶叶的品质特点，而其正确使用须以了解和把握相关茶叶的采制工艺要求为必要前提。

第二章 文化源流

茶饮文化属于人文历史概念。一方面，它相关于时间和空间的维度，即无论涉茶的物质生产还是精神创造，其成果和现象都由生活于一定时期、一定地域的人们所产出和展示。另一方面，它相关于地理环境所提供的自然生态条件及相应的社会生活形态，即涉茶的资源利用、器物制作和礼仪习俗、规章制度，其方式、工艺、风尚、观念都是民族文化的组成部分。

中国茶饮富于人文含义，它是与中华文明相生相伴的饮食组成。随着历史的进程一路走来，茶饮的变化既体现了人类对自然资源利用方式的演变，更融入了基本饮食满足生存需求之后人们的精神追索愿望，以及相应的文化艺术的创造活力。

中国茶饮文化的传统部分，产生于农业时代，概括而言是萌芽于魏晋南北朝、形成于唐代、鼎盛于宋明而衰微于清代以后；其现代部分，苏醒和渐兴于工业时代和信息时代，是今日中国走向现代化、中华民族伟大复兴进程中应有的文化元素。而要实现传统文化积极的转换和发展，须对历史传统的脉络有一个准确地把握。对茶饮文化而言，其主要部分就是各个时期茶饮的概貌，涵盖茶饮的物质形态、涉茶人物及其人文和生活艺术内涵。

第一节 史前传说与现存遗风

以文字记录称为“史”。考古研究表明，最早的汉字——甲骨文的形成和发展，在数量上达到能够记载当时社会情形的程度的时间点，约在商代；早于此，即为史前。对于史前文化的了解，则主要通过先是长期口耳相传而后转述成文的神话传说和考古发现的印证。

对自然界中草木类食物的利用方式，始于采集；距今大约一万年时人类进入新石器时代，才有农业产生，即食物的生产——包括对食用植物，尤其是谷类的自觉栽培和对动物的驯养。同样，对于茶树叶子的利用，无疑也是从在野生茶树上采集开始的。

见载于《本草》的传说这样叙述：神农尝百草，一日而遇七十毒，得茶以解之。

传说难免附会甚至后人杜撰，然而其中所传递的当时人们对事物的价值取向和认知的信息却是确切的。神农发现茶树叶子功效的传说表明，我们人类对于茶树叶子的药用价值的发现和利用，可能是较早的。

在“以食为天”为生存第一前提下，食物是生物种类种族延续的基本条件。在尚未发现火的用处和获得途径之前，采集渔猎所获得的食物，最直接的利用方式就是生食。即便在今天，缘于经济与科学发展的不平衡和长期形成的生活习俗，在边远或偏僻地区生活的人们，依然保留有生吃嚼食茶树鲜叶的嗜好。在云南，沧源的佤族妇女在采茶时常常会将茶芽直接放进嘴里咀嚼；基诺族会将茶树新鲜芽叶捻碎，拌以盐巴、蒜泥、红辣椒粉和黄果叶，再加清泉水调和即成“凉拌茶”；布朗族和德昂族则将茶树鲜叶晒萎拌盐、塞入竹篓，用时拌以香料入嘴咀嚼，称为“盐腌茶”。

中华饮食与医药文化，有“药食同源”之说。也就是说，用来维持生命活动的食物和用来医治身体疾病的药物原本不分，其分门别类和侧重利用是人们长期摸索、逐渐了解之后才形成的共识和习俗——食物的加工和保存技术运用的目的，在于利用其热量，即生命活动所需的能量上；药物的加工和保存技术的运用，目的则在于“提取”其治疗疾病、调理生命体健康状态的有效成分。对于茶树鲜叶的利用同样如此，既是可用来果腹的食物，又有药用价值可以让人们提神醒脑、祛暑解烦闷。

第二节　商周贡茶与羹饮

1. 武王伐纣

东晋常璩撰写的《华阳国志》，是一部专门记述古代西南地区历史、地理、人物等的地方志著作。其中的《巴志》记载：“周武王伐纣，实得巴蜀之师，茶蜜皆纳贡之。”在此，并未表明茶的利用方式，但原产于西南地区的特产由此传入中原却是确凿的。

现代历史研究表明，夏、商、周三代时期的中国，其实是政权分散性很大的诸侯邦国联盟，而名之以夏、商和周的确切含义，是以其为盟主，跟秦代开始的朝代概念不能等量齐观。武王伐纣，发生在约公元前1046年，其时，商周并存而衔接，处于历史的转折点。

2. 晏婴

《晏子春秋》记载：“婴相齐景公时，食脱粟之饭，炙三弋、五卵茗菜而已。”晏婴（公元前578－500年）是春秋后期北方齐国的政治家，这里的脱粟之饭、三弋五卵和茗菜，表明的是其生活的节俭，是否茶入菜肴或怎样的入法，含义并不明确、充分。况且，其中的“茗”还可能是“苔”之讹误。如果，晏婴确实把茶作为佐食之菜的原料，则生煮为羹的用法是最有可能的。

第三节　秦皇与汉仙

“茶由药用时期发展为饮用时期，是在战国或秦代之后”。（吴觉农主编《茶经述评》）

秦汉时期《礼记·地官》有“掌荼”、“聚荼”以供祭祀的记载。

饮茶习俗沿长江顺流而下，在长江中下游地区扎下根基。汉初，湖南长沙及其所属茶陵县已成为重要的茶产区。长沙马王堆西汉墓中，发现陪葬清册中有“槚笥”的竹简文和木刻文（其中笥前一字“□”为“槚”的异体字）以及“荼陵”封泥印鉴，说明当时湖南已有饮茶习俗。茶乡浙江湖州的一座东汉晚期墓葬出土了一只完整的青瓷瓮，肩部刻有一“荼”字，可知长江中下游地区在当时已有茶饮。

图 2-3-1　西汉马王堆墓出土储茶器标示

一、四海归一与茶泽广被

战国时期的秦国，在并吞八荒、包举宇内的统一华夏过程中，也让各地生活物资和习俗有更多的流通和传播。清顾炎武在《日知录》中判断：“自秦人取蜀而后，始有茗饮之事”。即蜀地的茶饮，因秦攻取其地而让更广阔地域上的人们所了解和接受。秦始皇统一中国后，实行书同文、车同轨、统一度量衡的国家政策。于是，南北东西货畅其流、人畅其行，文化与生活的沟通交流空前频繁。在其中，作为生活用品的茶叶，也更多地从西南向中原地区传播，而茶的“槚”、“荈”、“蔎”、“荼”等古名称也大多来源于古巴蜀的方言。自此，茶的惠泽开始真正走向原产地之外的华夏大地。

二、王褒与司马相如

中国古代,编有专门用于启蒙的识字课本,其中汉代司马相如(约公元前179－127年)所编字书《凡将篇》有"乌喙,桔梗,芫华,款冬,贝母,木檗,蒌,芩草,芍药,桂,漏芦,蜚廉,萑菌,荈诧,白敛,白芷,菖蒲,芒硝,莞椒,茱萸"等药用之物的记载,其中"荈诧"即为茶的一个名称。

汉宣帝神爵三年(公元前59年),王褒从亡友之妻杨惠处买下奴仆时订立了《僮约》,其中有"筑肉臛芋,脍鱼炰鳖,烹茶尽具,哺已而盖藏"、"牵犬贩鹅,武阳买茶"的词语。"烹茶尽具"属于饮食方面,对此的要求是完整地使用茶在烹煮和饮用时所需的器具;"武阳买茶"则印证了在汉代,武阳(今四川彭山县)设有茶叶交易的集散地"武阳茶肆"的历史情形。

三、仙求的途径

道家学说信仰者炼丹服药,以求脱胎换骨、羽化成仙。饮茶功同服药,或者说茶在汉代成为道教信徒服用的仙药的一种。

南朝著名道士陶弘景《杂录》记:"苦茶轻身换骨,昔丹丘子、黄山君服之。"丹丘子、黄山君是传说中汉代的神仙人物,饮茶可使人"轻身换骨",其所产生的飘飘然行走的幻觉,附会成追求羽化、已然成仙的满足。晋惠帝时著名道士王浮的《神异记》传:"余姚人虞洪入山采茗,遇一道士,牵三青牛,引洪至瀑布曰:'予丹丘子也,闻子善具饮,常思见惠。山中有大茗可以相给,祈子他日有瓯牺之余,乞相遗也'。"故事不可稽考,但其中所寄托的人们对茶具备助人成仙功效的愿望却是确凿的。

第四节　魏晋风流与茶道初成

魏晋时期,茶饮发展进入烹煮饮用阶段;其方式主要有茶品尝、伴果(菓)而饮、茶宴、茶粥等类型。

在此之前"含嚼吸汁"、"生煮羹饮"的茶饮,显然以解渴提神、果腹充饥或伴佐主食为主要目的,基本上还是满足生存、生活的生理需要;"烹煮饮用"的真正含义,是茶饮渐渐从饮食当中独立出来,甚至已为饮茶而配备果点。这样的讲究,饮用的形态除了有物质的多样化之外,还开始"取式公刘",有礼数和仪式上的自觉要求或规范或崇尚了。正因为离基本的生理需求越来越远,心理的需求或说精神的、思想的内容逐渐丰富起来,"文化"由此而萌芽生发。

茶饮方法,据魏国张揖《广雅》记述:"荆、巴间采叶作饼。叶老者,饼成以米膏出之。欲煮茗饮,先炙令赤色,捣末,置瓷器中,以汤浇覆之,用葱、姜、橘子芼之。

其饮醒酒，令人不眠。”可见当时采下的茶树鲜叶，先制成饼，饮用时再炙烤、捣碎成末放到瓷质的盛器中，然后用烧开的水浇冲，但要加入调味的葱、姜和橘子之类拌和，也就是一种调饮。

《三国志·吴书·韦曜传》记载，在廷宴上，嗜酒的吴王孙皓对量小的韦曜“密赐茶荈以代酒”。

对茶叶的认识上，晋代郭璞（276－324年）的《〈尔雅〉注》卷九《释木》记述“槚，苦荼”条记载：“树小似栀子，冬生，叶可煮作羹饮。今呼早采者为荼，晚取者为茗，一名荈，蜀人名之苦荼。”

南朝《异苑》记载了剡县（今浙江嵊州）人陈务的妻子喜好饮茶，每次饮茶前先以茶祭祀宅地园中古墓而获回报的故事。

一、修行的助益

魏晋南北朝是动乱时代，生命如朝露般的不可持久，与王浮、陶弘景记述的道家求仙一样，佛家修行也是人们广泛的精神追求与寄托。

《晋书·艺术传》记：“单道开，敦煌人也。……时夏饮茶苏，一二升而已。”单道开是佛徒，曾在河南临漳县的昭德寺首创禅室，他在其中昼夜不卧，通过饮茶来祛睡意解困乏以坐禅入定。晋僧怀信《释门自镜录》：“跣足清淡，袒胸谐谑，居不愁寒暑，食不择甘旨，使唤童仆，要水要茶。”魏晋时期，风流的高士析玄辩理，社会上崇尚清谈。佛教初传，又以苦难的解脱和生命的皈依为主旨，貌似玄学而附会，以便传道。于是，佛徒追慕玄风，煮茶品茗，以助讲法和修行。

《续名僧录》：“宋释法瑶，姓杨氏，河东人……年垂悬车，饭所饮茶。”法瑶是东晋名僧慧远的再传弟子，著名的涅盘（即涅槃）师。法瑶性喜饮茶，每饭必饮。

《宋录》：“新安王子鸾，鸾弟豫章王子尚诣昙济道人于八公山，道人设茶茗，子尚味之曰：‘此甘露也，何言茶茗’。”南北朝时期的南朝宋代（420－479年），成实学派名僧昙济从关中来到寿春（今安徽寿县），创立了成实师说的南系，即寿春系。他在寿县古城以北两公里的八公山东山寺住了很长时间，后移居京城的中兴寺和庄严寺。这里记录的是昙济驻息八公山时两位王子前去拜访，昙济设茶待客、豫章王刘子尚称赞茶汤如甘露的事。

二、贵显阶层的风流

简约来看，大致是到汉后的魏晋时代，茶从药物和日常饮食中演化为一种富于意味的饮品；在那时，其意味呈现为一种“风流”——艺术化而有相当精神要求的生活方式，是“精神上臻于玄远之境的士人的气质的外观”。

风流表现为秀出于一般人的言谈、举止、趣味、习尚，并为人们所倾慕、学样和跟随。风流人物的言行趣尚，被引为人们心向往之的礼仪和做派。

弘君举《食檄》："寒温既毕，应下霜华之茗，三爵而终。"有客到来，见面寒暄之后，先请饮三爵茶。

由南（朝）齐投附北（朝）魏的世家大族子弟王肃，武功文略兼备而引领当时北魏社会风气的发展，是倾慕汉文化的北朝人士效仿、学习的楷模。故而，"时给事中刘缟慕肃之风，专习茗饮"，即在那些仰慕王肃所表现出来的南朝汉式风流的人们看来，其最具象征性的外在表现是饮茶，因此不遗余力地加以模仿。

也有以茶待客过于殷勤甚至"逼迫"来客不断饮茶而让人受不了的尴尬情形。南朝宋人刘义庆《世说新语·纰漏》记："晋司徒长史王蒙好饮茶，人至辄命饮之，士大夫皆患之。每欲往候，必云今日有水厄"，即是让受此"待遇"的人感到遭遇厄运般的不堪承受。

关剑平《茶与中国文化》中就此论述道："烹茶有一定的程式，敬茶又已形成礼仪规范，在烹茶、敬茶、饮茶的整个过程中，要求谈吐得体，举止优雅，因此饮茶具备风流的多种要素，是风流的一种。"

三、将相帝王的廉俭

晋代桓温，官至征西大将军，在任扬州牧时，"性俭，每宴，惟下七奠柈，茶果而已"。

同时代的陆纳，在陆羽《茶经·六之饮》中称为"远祖纳"，曾任吴兴（今浙江湖州）太守。他通过以茶待客来培养"素业"，即清廉不奢的名声，且曾经将预备佳肴招待贵宾的侄子陆俶杖打四十，责备他"既不能光益叔父，奈何秽吾素业"！

南朝的齐世祖武皇帝在《遗诏》中嘱咐："我灵座上慎勿以牲为祭，但设饼果、茶饮、干饭、酒脯而已"。

四、《荈赋》之茶道初成

中国茶文化的萌芽期可回溯至魏晋南北朝，那时候的茶饮方式，进入了称之为"烹煮饮用"的阶段。如果，以晋人杜育（毓）的一篇《荈赋》为依据来分析和解释所谓"烹煮饮用"，会发现那时已经有人——有情趣有雅兴的文人或有钱有闲又不乏人文与艺术追求的社会上层或富裕群体，在喝茶时有讲究、有要求而不那么粗疏随便了。

《荈赋》原文这样叙述："水，则岷方之注，挹彼清流；器择陶简（拣），出之东隅（瓯）；酌之以匏，取式公刘"。大意是说：在煮茶时选用的水，是挹取自高高的岷山流注而下的清泉；选择的盛茶器具，是东边或许是越窑出产的青瓷；饮用来酌分茶汤的器具是匏，借以效法周朝的兴邦之祖先公刘治理邦国所遵循的礼仪制度，从而使得行茶过程呈现一种形式感甚或仪式感。当一件原本寻常的解渴兼提神醒脑之事，有了如此这般的要求，甚至有礼仪、道德与精神追求的内容时，显然其已脱迹于日常饮食需求，而有了相当的“文化”意味！不仅如此，茶汤煮时的情形，是“惟兹初成，沫沉华浮；焕如积雪，烨若春藪”。概言之，即呈现的是一种如积雪般的洁白晶莹，又如春花般的鲜艳灿烂，其给予感官的欣赏以至于心理的愉悦作用，已充盈在字里行间！以此为依据，可以判断茶文化在当时至少已经孕育萌动，是不为过的。

五、茶香趣味

西晋文学家左思，其十年所作《三都赋》广为诵抄以致“洛阳纸贵”，他写有一首《娇女诗》，描绘了他的两个娇美的女儿日常游玩时的一个童趣场面：“心为茶荈据，吹嘘对鼎鬲”。

西晋孙楚的《出歌》，记述了物产出处，其中有“姜桂茶荈出巴蜀，椒橘木兰出高山”的诗句。

张载《登成都白菟楼》有诗句“芳茶冠六清，溢味播九区。人生苟安乐，兹土聊可娱”，其中六清，分别为水；浆，即煮米时沥出的米汤；醴，即甜酒；凉，即冰水；医，即梅汤；酏，即酿酒用的薄粥。

第五节　唐代茶论与实践

唐代茶饮普及，茶叶生产已形成8个产区、遍布43个州。以此为物质基础，皇家的喜好和提倡、出家人的茶助修行、文人雅士的乐此不疲、艺术表达与经验总结，在丰富的实践基础上形成了系统化的理论，茶文化从而真正形成。

茶从一种小众饮品普及而成为大众饮料，中唐时期更形成“比屋之饮”的盛况。同时，其文化艺术的行为主体，也从主要限于精神优越的名士和社会地位优越的上层贵族，扩展到更为广泛的社会群体；其文化艺术的内容和意味，也从主要局限于“风流”而拓展形成既有丰富实践又有体系化的理论的一种社会“亚文化”。在此之际，出现了一位领骚茶业的千年圣贤——陆羽，及其典范长垂的著作——《茶经》。陆羽对当时及后代茶文化的影响，正如宋代梅尧臣诗句所言：“自从陆羽生人间，人间相学事新茶。”

唐贞观十五年(641年)，茶叶作为文成公主的陪嫁品被带到了西藏。

茶马古道自唐代开始，经宋、明、清以至民国时期汉、藏之间以茶马交易为主而形成一条交通要道。主要分南、北两条，即滇藏道和川藏道。滇藏道起自云南版纳一带产茶区，经丽江、中甸、德钦、芒康、察雅至昌都，再由昌都通往卫藏地区。川藏道则以今四川雅安一带产茶区为起点，首先进入康定，自康定起，川藏道又分成南、北两条支线。

一、陆羽《茶经》

《茶经》是中国茶书经典，世界第一部茶学专著。作者陆羽(733－804年)，字鸿渐,复州竟陵(今湖北天门)人;因"安史之乱"徙居吴兴(今浙江湖州),访泉问茶并著书立说。

《茶经》内容,是关于茶叶生产的历史、源流、现状、生产技术以及饮茶技艺、茶道原理等。全书分为上、中、下三卷共十个部分。其主要内容和结构为:上卷一之源,二之具,三之造;中卷四之器;下卷五之煮,六之饮,七之事,八之出,九之略,十之图。

上卷三章:一之源,说明茶树的性状,茶叶品质与土壤的关系;二之具,说明采制茶叶的各种工具;三之造,说明茶叶种类与采制方法。中卷一章:四之器,说明煮茶和饮茶用具、各地和不同材质茶具的优劣和使用规则,以及器具对茶汤品质的影响。下卷六章:五之煮,说明煎煮技艺对茶汤色、香味的影响;六之饮,说明茶饮起源和饮茶应具备的常识;七之事,记述唐代以前有关饮茶的故事、药理等;八之出,记述茶叶产地与品质高低的关系,分析了中国茶区的演变过程;九之略,说明在何种条件下,哪些采制茶叶的工具和煮茶饮用的器皿可以省略,并强调整套器皿的使用才是饮茶之道的真正体现;十之图,建议人们将前九章写在绢帛上、悬挂于墙隅,在行茶时一目了然,以便遵循。

唐大历八年(773 年)由陆羽等人发起,湖州刺史颜真卿出资,在湖州杼山建茶亭一座,因该茶亭建于癸年癸月癸日,故取名为三癸亭。此后颜真卿、陆羽、皎然等人便时常聚会其间,品茶赋诗,调琴弈棋,观花赏月,这样就将整个茶事推演为一种高雅的文化活动。在这期间,他们著书立说,推广茶事,品评茗茶,评鉴水品,演绎茶会、茶宴形式,开创了茶法的格局和程序等。

二、卢仝《走笔谢孟谏议寄新茶》(又名《七椀茶诗》)

卢仝(约 795 - 835 年),号玉川子。祖籍范阳(近河北涿县),今河南所属济源人。清乾隆年间《济源县志》记载:县西北二十里石村之北,有"卢仝别墅"和"烹茶馆";县西北十二里武山头有"卢仝墓",传说山上还有为卢仝当年汲水烹茶的"玉川泉"。其歌道:

日高丈五睡正浓,军将打门惊周公。
口云谏议送书信,白绢斜封三道印。
开缄宛见谏议面,手阅月团三百片。
闻道新年入山里,蛰虫惊动春风起。
天子未尝阳羡茶,百草不敢先开花。
仁风暗结珠蓓蕾,先春抽出黄金芽。
摘鲜焙芳旋封裹,至精至好且不奢。
至尊之余合王公,何事便到山人家。
柴门反关无俗客,纱帽笼头自煎吃。

碧云引风吹不断,白花浮光凝碗面。
一椀喉吻润,
两椀破孤闷。
三椀搜枯肠,惟有文字五千卷。
四椀发轻汗,平生不平事,尽向毛孔散。
五椀肌骨清,
六椀通仙灵。
七椀吃不得也,惟觉两腋习习清风生。
蓬莱山,在何处?
玉川子,乘此清风欲归去。
山上群仙司下土,地位清高隔风雨。
安得知百万亿苍生命,坠在巅崖受辛苦!
便为谏议问苍生,到头还得苏息否?

这首饮茶诗作,朗朗上口而通俗易懂。正源于此,卢仝、其名号和诗中有关吃茶感受的种种词语描述,为当时和后世的文人雅士在论及茶饮时常常引用的茶及茶事的指代,影响广泛而深远,故而卢仝被尊为茶中亚圣。

三、张又新《煎茶水记》

记载唐代刘伯刍和陆羽鉴水评第的逸事。其中,刘伯刍“为学精博,颇有风鉴”,将两浙(唐代的浙江东道和浙江西道,包括今天的苏南、上海、浙江和徽州地区)一带的水对应于煎茶的适宜程度作出比较,列为七等:

扬子江南零水第一;
无锡惠山寺石泉水第二;
苏州虎丘寺石泉水第三;
丹阳县观音寺水第四;
扬州大明寺水第五;
吴淞江水第六;
淮水最下,第七。

张又新本人曾到访这七种水的所在地,亲手把水挹取贮于瓶中作出相互对比,认定刘伯刍的判断“诚如其说也”。然而,当听说有人认为刘的比较排序因“搜访未尽”而有不足之处时,张本人就决心完成此事并付诸行动。结果发现桐庐江严子濑“溪色至清,水味甚冷”,用“以煎佳茶,不可名其鲜馥也,又愈于扬子南零殊远”;又“至永嘉,取仙岩瀑布用之,亦不下南零”!其实践精神,值得记取。

张又新在元和九年偶遇一位楚僧,在其所携带的书中发现《煮茶记》一文,记录了陆羽品鉴南零水的往事以及对“所经历处之水”的优劣判断。陆羽的排列为：

庐山康王谷水帘水第一；

无锡县惠山寺石泉水第二；

蕲州兰溪石下水第三；

峡州扇子山下有石突然，泄水独清冷，状如龟形，俗云虾蟆口水，第四；

苏州虎丘寺石泉水第五；

庐山招贤寺下方桥潭水第六；

扬子江南零水第七；

洪州西山西东瀑布水第八；

唐州柏岩县淮水源第九，淮水亦佳；

庐州龙池山岭水第十；

丹阳县观音寺水第十一；

扬州大明寺水第十二；

汉江金州上游中零水第十三，水苦；

归州玉虚洞下香溪水第十四；

商州武关西洛水第十五，未尝泥；

吴淞江水第十六；

天台山西南峰千丈瀑布水第十七；

郴州圆泉水第十八；

桐庐严陵滩水第十九；

雪水第二十，用雪不可太冷。

张又新再作亲身尝试，得出的结论是：“夫茶烹于所产处，无不佳也，盖水土之宜。离其处，水功其半，然善烹洁器，全其功也”。

四、苏廙《十六汤品》

苏廙，具体生平不可考，据推断为五代至宋初时人。所著茶书《仙芽传》是晚唐时有关闽粤点茶法的代表作。原作已失，仅其中第九卷中的《十六汤品》被陶穀摘抄在《清异录·茗荈部》而得以保留。

汤，为煮开的水。《十六汤品》论述的是煮水时因容器、火候的不同，斟水时出水状态的不同而导致点茶所用“汤”的不同，并根据对形成茶汤结果的作用概括命名为不同的汤名。

其开篇说道：“汤者，茶之司命。若名茶而滥汤，则与凡末同调矣。煎以老嫩言者凡三品，自第一至第三。注以缓急言者凡三品，自第四至第六。以器类标者共五品，自第七至第十一。以薪火论者共五品，自十二至十六。”

这就是说,煮开的水对于茶来说是攸关根本的重要因素。如果茶为名品而汤低劣,则所得到的是与一般的茶同等格调或水准的结果。在《十六汤品》中,前三品是在讲煮汤的火候,即煮水得法而适度才可获得优质的“汤”,以及过度或不足的坏处;四品到六品谈注汤缓而稳定或急而散乱对茶汤的影响;七品到十一品论盛汤用器形制材质对汤的影响;十二品到十六品论煮汤受燃火用柴薪之性状方面的影响。

十六种汤品,依次如下:

第一,得一汤

火绩已储,水性乃尽,如斗中米,如秤上鱼,高低适平,无过不及为度,盖一而不偏杂者也。天得一以清,地得一以宁,汤得一可建汤勋。

第二,婴汤

薪火方交,水釜才炽,急取旋倾,若婴儿之未孩,欲责以壮夫之事,难矣哉!

第三,百寿汤,一名白发汤

人过百息,水逾十沸。或以话阻,或以事废,始取用之,汤已失性矣。敢问白番鬓苍颜之大老,还可执弓挟矢以取中乎?还可雄登阔步以迈远乎?

第四,中汤

亦见夫鼓琴者也,声合中则妙;亦见夫磨墨者也,力合中则浓。声有缓急则琴亡,力有缓急则墨丧,注汤有缓急则茶败。欲汤之中,臂任其责。

第五,断脉汤

茶已就膏,宜以造化成其形。若手颤臂享单,惟恐其深,瓶嘴之端,若存若亡,汤不顺通,故茶不匀粹。是犹人之百脉,气血断续,欲寿奚苟,恶毙宜逃。

第六,大壮汤

力士之把针,耕夫之握管,所以不能成功者,伤于粗也。且一瓯之茗,多不二钱,茗盏量合宜,下汤不过六分。万一快泻而深积之,茶安在哉?

第七,富贵汤

以金银为汤器,惟富贵者具焉。所以荣功建汤业,贫贱者有不能遂也。汤器之不可舍金银,犹琴之不可舍桐,墨之不可舍胶。

第八,秀碧汤

石,凝结天地秀气而赋形者也,琢以为器,秀犹在焉。其汤不良,未之有也。

第九,压一汤

贵厌金银,贱恶铜铁,则瓷瓶有足取焉。幽士逸夫,品色尤宜。岂不为瓶中之压一乎?然勿与夸珍炫豪臭公子道。

第十,缠口汤

猥人俗辈,炼水之器,岂暇深择铜铁铅锡,取熟而已。是汤也,腥苦且涩。饮之逾时,恶气缠口而不得去。

第十一，减价汤

无油(即"釉")之瓦，渗水而有土气。虽御胯宸缄，且将败德销声。谚曰："茶瓶用瓦，如乘折脚骏登高。"好事者幸志之。

第十二，法律汤

凡木可以煮汤，不独炭也。惟沃茶之汤非炭不可。在茶家亦有法律：水忌停，薪忌熏。犯律逾法，汤乖，则茶殆矣。

第十三，一面汤

或柴中之麸火，或焚余之虚炭，木体虽尽而性且浮，性浮则汤有终嫩之嫌。炭则不然，实汤之友。

第十四，宵人汤

茶本灵草，触之则败。粪火虽热，恶性未尽。作汤泛茶，减耗香味。

第十五，贼汤

一名贱汤。竹筱树梢，风日干之，燃鼎附瓶，颇甚快意。然体性虚薄，无中和之气，为茶之残贼也。

第十六，大魔汤

调茶在汤之淑慝，而汤最恶烟。燃柴一枝，浓烟蔽室，又安有汤耶？苟用此汤，又安有茶耶？所以为大魔。

苏廙就点茶用汤所提出的见解，局限于其对事物的认知和观念的时代性而有所谬误和偏颇，但其较为全面地从煮水、用水所涉及的各个方面来作分析、判断的方法和据理所作的推论，即便在今天仍有借鉴的价值。

五、封演《封氏闻见记》

此书为纪实性文本，史料价值颇高。《四库全书总目提要》评价道："唐人小说多涉荒怪，此书独语必征实。前六卷多陈掌故……均足以资考证"。

其卷六"饮茶"记载：

"南人好饮之，北人初不多饮。开元中，泰山灵岩寺有降魔师，大兴禅教。学禅务于不寐，又不夕食，皆许其饮茶。人自怀挟，到处煮饮，从此转相仿效，遂成风俗……于是茶道大行，王公朝士无不饮者……穷曰竟夜，殆成风俗。始自中地，流于塞外"。

"自邹、齐、沧、埭，渐至京邑城市，多开店铺，煎茶卖之。不问道俗，投钱取饮"。

"茶罢，命奴子取钱三十文酬茶博士"。

"往年回鹘入朝，大驱名马，市茶而归"。

"楚人陆鸿渐为《茶论》，说茶之功效并煎茶炙茶之法，造茶具二十四事，以都统笼贮之。远近倾慕，好事者家藏一副。有常伯熊者，又因鸿渐之论广润色之。于是茶道大行，王公朝士无不饮者"。

由此可知，在中唐时期茶饮形成习俗与佛教禅宗的传播、兴盛与影响有相应的关联，饮茶之风由南方迅速扩展到北方，而且从中原传到了塞外。在包括京都长安在内的北方城市，到处开设有煮茶售卖的店铺。“投钱取饮”隐含着价格不高、买饮方便的情形。今日犹有耳闻的“茶博士”、“茶马交易”，在唐代已有；而遵循陆羽《茶经》所述的行茶方法并以艺术的手法加以“润色”的常伯熊，更像是今日的茶艺表演之声名卓著者。

六、法门寺宫廷茶器

唐代茶事的兴盛，也缘于朝廷贡茶制度的正式确立。贡茶分为两类：一是专设官焙制造，如湖州紫笋茶、宜兴阳羡茶，其情形正如卢仝“天子未尝阳羡茶，百草不敢先开花”的诗句所述；二是土贡，即当时的名茶产区，庶无例外地都要进贡。宫廷贡茶先荐宗庙，次则宫中自用，余下再分赐近臣以及番邦使节等。

赐茶是宫廷茶礼的重要组成部分，皇帝以赐茶来加强与大臣之间的关系。刘禹锡在《代武中丞谢新茶》中表达了自己得到赐茶后的喜悦心情：“臣某言：中使窦国安奉宣圣旨，赐臣新茶一斤，猥降人，光临私室。恭承庆赐，跪启缄封。伏以方隅入贡，采撷至珍……”。

唐朝宫廷也集中了大量的名茶美器。陕西扶风县法门寺，是唐代的皇家寺院，供奉着佛教圣物——佛指舍利。（874 年）正月四日，唐僖宗李儇最后一次送还佛骨时，按照佛教仪轨，将佛指舍利及数千件稀世珍宝一同封入塔下地宫，用唐密曼陀罗结坛供养。1987 年重修寺塔时，地宫出土的两千多件稀世珍宝中含有成套的行茶品茗器具，为说明唐代宫廷茶饮提供了实物佐证。以材质而言，其主要有三类：金银茶器、秘色瓷茶器、琉璃茶具等。

图 2-5-1　唐法门寺皇家茶器

七、茗为人饮与盐粟同资

《旧唐书·李珏传》:"茶为食物,无异米盐,于人所资,远近同俗,既蠲竭乏,难舍斯须,天闾之间,嗜好尤甚。"茶对于人们如同米、盐一样是日用所不可缺少的生活所需,可以用来缓解干渴和困乏,人们一刻不能缺地总想着去喝;而在首都长安城内,人们更是嗜好。可见,中国人以饮茶作为一种习俗,于中唐已蔚然成风。

八、茶禅一味与修行相契

茶,是日常生活的一种饮料;禅,是精神修行的一种方法。两者的交会,首先表现在茶的提神醒脑作用对于过午不食的修行者来说,是其在学佛坐禅时保持聚精会神状态的良好辅助;其次,茶的苦味,对于以苦谛作为人生根本判断的佛家学说而言,有体验和认知的相似性,从而形成生理感受与心灵领悟的同构。

以心传心的禅宗悟道方法,在南北朝时由达摩传到中国。经五次衣钵相传而在唐代的六祖慧能手里,发展形成真正中国化的佛教理论和修行途径。真正把茶的采制与烹点品饮同禅的修行视为一致的观念,大致形成于唐代中期。慧能的曾法孙百丈怀海(749 – 814 年),制定了《禅门规式》,后经修订颁布为《百丈清规》。怀海禅师的主要观点属于农禅思想,而其中就有把日常的一切劳作和饮食起居事务都当做修行的一部分的观念和具体做法,即生活劳作与禅修融为一体,当然,茶饮茶事也在其中。

"茶禅一味"的观念,则肇自日本,首见于千利休的孙子千宗旦的《茶禅同一味》。

九、吕温《三月三日茶宴序》

茶宴的来历,未能尽考;但其由来脉络,仍可一窥,即相关于一个上古即有的久远习俗——每年农历三月三举行的修禊。

历史上,有两个与此相关的著名情景。其一,是载于《论语》的孔子与其学生的对话;其二,是风流魏晋时代的王羲之所记的"一觞一咏"。在儒家宗师孔子那里,修禊日人们到水边洁身、着新衣裳、歌之舞之,是那样的尽兴快意,正是理想生命状态的一种呈现,所谓:"莫春者,春服既成,冠者五六人,童子六七人,浴乎沂,风乎舞雩,咏而归"。而在书圣王羲之那里,严冬之后春日的天朗气清与惠风和畅,饮着酒吟着诗,是忘年投契的文友雅集;其中,喝酒是修禊的必有之项。

到了唐代中期,户部员外郎吕温(771 – 811 年)和几位才子一起雅集修禊,不同的是即大家商议下来是以茶代酒。文人雅聚自然作诗,吕温为诗作序。文曰:

三月三日,上巳禊饮之日也,诸子议以茶酌而代焉。

乃拔花砌，憩庭阴。清风逐人，日色留兴。卧指青霭，坐攀香枝；闲莺近席而未飞，红蕊拂衣而不散。乃命酌香沫，浮素杯，殷凝琥珀之色。不令人醉，微觉清思。虽五云仙浆，无复加也。

座右才子，南阳邹子、高阳许侯，与二三子顷为尘外之赏，而曷不言诗矣。

大致时期相同的天宝（742－756年）进士钱起在《与赵莒茶宴》中记述道："竹下忘言对紫茶，全胜羽客醉流霞。"可见，茶宴在更多情形下，是文人雅集的一种；或者说，其精神的怡然自得，要远多于饮食的大快朵颐，而后者甚至可以全无。

十、相关书画与诗文

1. 阎立本《萧翼赚兰亭图》

此图传为阎立本所绘，内容是为完成皇帝李世民获取王羲之兰亭真迹的心愿，大臣萧翼打听到法帖下落后，身携召帖圣旨到藏帖寺院以以文交友的方式计赚书圣墨宝的故事。

画面中，左下角有两人在烹茶和侍奉——老者煮茶，少者持带托茶盏等待盛汤。

2. 怀素《苦笋帖》

怀素，唐代著名书僧。该帖文曰："苦笋及茗异常佳，乃可径来"，是迄今发现最早的佛门涉茶书札。

图2－5－2　唐怀素《苦笋帖》

3. 佚名《宫乐图》

画中，后宫仕女或嫔妃十人围坐大长方桌，或品茗或行令，或吹乐助兴，或舀取茶汤或畅饮不辍。侍立的一女击打拍板，以为节奏。一幅有茶、有酒、有器乐的宫乐场面。

图 2－5－3　唐佚名《宫乐图》

4. 周昉《调琴啜茗图》

图中有桂花树和梧桐树，描绘秋日时光的唐代仕女弹琴饮茶的生活情景。画的构图中心是一位黄衣仕女坐于树边石上正在调试古琴，其右后侧侍女端盘托茶恭候着。另两位贵妇则向着黄衣仕女或倾身或注目，期待聆听雅音。

图 2－5－4　唐周昉《调琴啜茗图》

5. 王昌龄《题净眼师房》

王昌龄（690－756 年），字少伯。以气势雄浑、格调高昂的边塞诗闻名于盛唐，后人誉为"七绝圣手"。

白鸽飞时日欲斜，禅房寂历饮香茶。

倾人城，倾人国，斩新剃头青且黑。

玉如意，金澡瓶，

朱唇皓齿能诵经，吴音唤字更分明。

日暮钟声相送出，袈裟挂着箔帘钉。

诗中"禅房寂历饮香茶"的啜茗情景，自有一种茶香助益修行的含义，因而出家人诵经的音和字都更加清晰、分明而予人心地清净的感受。

6. 李白《答族侄僧中孚赠玉泉仙人掌茶并序》

李白(701－762年),字太白,盛唐最有天赋的诗人。25岁开始仗剑任侠,十年间学仙访道、饮酒赋诗,结交文友而名驰遐迩,被贺知章敬佩地称为“谪仙人”。

序:余闻荆州玉泉寺,近清溪诸山;山洞往往有乳窟,窟中多玉泉交流。其中有白蝙蝠,大如鸦;按仙经,蝙蝠一名仙鼠,千岁之后,体白如雪,栖则倒悬,盖引乳水而长生也。其水边,处处有茗草丛生,枝叶如碧玉。惟玉泉,真公常采而饮之,年八十余岁,颜色入桃花。而此茗清香滑熟异于他者,所以能还童振枯扶人寿也。余游金陵,见宗僧中孚示余者数十片,拳然重叠,其状如手,号为“仙人掌茶”。盖新出乎玉泉之山,旷古未见。因持之见遗,兼赠诗,要余答之,遂有此作。后之高僧大隐,知仙人掌茶,发乎中孚禅子及青莲居士李白也。

常闻玉泉山,山洞多乳窟。
仙鼠白如鸦,倒悬清溪月。
茗山此中石,玉泉流不歇。
根柯洒芳津,采服润肌骨。
丛老卷绿叶,枝枝相连接。
曝成仙人掌,以拍洪崖肩。
举世未之见,其名定谁传。
宗英乃禅伯,投赠有佳篇。
清镜烛无盐,顾惭西子妍。
朝坐由于性,长吟播诸天。

此篇的序和诗文,叙述了荆州(今湖北当阳县城西)玉泉寺所在山岭的水边,生长着茶树并被僧人采制成的仙人掌茶,诗人受赠此茶及附诗并被邀约答和的雅事。从中可以读出李白看重此茶的助益养生功效,对茶树“枝叶如碧玉”、茶汤“清香滑熟异于他者”的赞美。

7. 皎然《饮茶歌诮崔石使君》

皎然,俗姓谢,名清昼,传为六朝诗人谢灵运的十世孙。谢灵运在诗作里引入了山水自然美的主题,与驻锡庐山结白莲社的高僧慧远交游,且注解《金刚般若经》,当为佛门皈依者。皎然的文才与其祖上相似,文章隽丽,号为“释门伟器”。本诗揭示了饮茶的三个层次:涤寐、清神、悟道,并有“茶道”一词,与《封氏闻见记》中常伯熊的“茶道”,是不甚相似的含义,可以看做是唐代人对茶道认识和价值赋予的不同方面。

越人遗我剡溪茗,采得金芽爨金鼎。
素瓷雪色缥沫香,何似诸仙琼蕊浆。
一饮涤昏寐,情思朗爽满天地;

再饮清我神，忽如飞雨洒轻尘；
三饮便得道，何须苦心破烦恼。
此物清高世莫知，世人饮酒多自欺。
愁看毕卓瓮间夜，笑向陶潜篱下时。
崔侯啜之意不已，狂歌一曲惊人耳。
孰知茶道全尔真，唯有丹丘得如此。

另有一首《顾渚行寄裴方舟》，从茶树生长环境、采收时节和方法以及气候与茶叶品质的关系等方面，生动而详细地记述了湖州寺庙产茶的情形：

我有云泉邻渚山，山中茶事颇相关。
鶗鴂鸣时芳草死，山家渐欲收茶子。
伯劳飞日芳草滋，山僧又是采茶时。
由来惯采无近远，阴岭长兮阳崖浅。
大寒山下叶未生，小寒山中叶初卷。
吴婉携笼上翠微，蒙蒙香刺罥春衣。
迷山乍被落花乱，度水时惊啼鸟飞。
家园不远乘露摘，归时露彩犹滴沥。
初看怕出欺玉英，更取煎来胜金液。
昨夜西峰雨色过，朝寻新茗复如何。
女宫露涩青芽老，尧市人稀紫笋多。
紫笋青芽谁得识，日暮采之长太息。
清泠真人待子元，贮此芳香思何极。

8. 韦应物《喜园中茶生》

韦应物(737－792年)，京兆长安人，曾先后担任滁州、江州、苏州刺史。在地方，他是很有政绩的长官，对子民颇有关怀。但作为一个文人，他却不太愿意“沉埋案牍间”的烦琐事务之中，所谓“日夕思自退”，想归隐山林田园之中，寻找一种恬静与安闲。这首诗，正是他身处官位、心思幽闲之念想借种植茶树一事所作的委婉表达：

洁性不可污，为饮涤尘烦。
此物信灵味，本自出山原。
聊因理郡余，率尔植荒园。
喜随众草长，得与幽人言。

9. 刘禹锡《西山兰若试茶歌》

刘禹锡(772－842年)，唐代文学家、哲学家。洛阳人。贞元进士，当过监察御史、朗州司马、迁连州刺史，任太子宾客、加检校礼部尚书。和柳宗元交往很深，人称“刘柳”。后与白居易唱和往还，也称“刘白”。有《刘梦得文集》。

山僧后檐茶数丛，春来映竹抽新茸。
宛然为客振衣起，自傍芳丛摘鹰嘴。
斯须炒成满室香，便酌沏下金沙水。
骤雨松风入鼎来，白云满盏花徘徊。
悠扬喷鼻宿酲散，清峭彻骨烦襟开。
阳崖阴岭各殊气，未若竹下莓苔地。
炎帝虽尝未辨煮，桐君有录那知味。
新芽连拳半未舒，自摘至煎俄顷馀。
木兰堕落花徼似，瑶草临波色不如。
僧言灵味宜幽寂，采采翘英为佳客。
不辞缄封寄郡斋，砖井铜炉损标格。
何况蒙山顾渚春，白泥赤印走风尘。
欲知花乳清泠味，须是眠云跂石人。

诗中“兰若”，是梵文“阿兰若”的略称，即寺庙。“白泥赤印”，是古代邮寄物品时，都在封裹之后用泥打上印章，称封泥印。诗中是说无论多好的茶叶经过长途风尘运输，茶叶也难免受损。“眠云跂石”，是指眠于云间、坐在石上的山区中人才能尝到真正的好茶滋味。

10. 柳宗元《夏昼偶作》

柳宗元(773－819年)，字子厚。苏轼觉得柳诗“简古”而“温丽清深”，他诗作的清淡平畅和干净、简洁，则离不开对于字句的精心锤炼。

南州溽暑醉如酒，隐几熟眠开北牖。
日午独觉无余声，山童隔竹敲茶臼。

11. 白居易茶诗

白居易(772－846年)，字乐天，号香山居士。其诗自然平易、浅畅贴切，节奏轻快、语词清丽，但“看似平易，其实精纯”。

他的《琴茶》诗，叙述了逍遥自在的赋闲生活，缘于琴曲《渌水》的聆听和蒙山名茶的品饮，而看淡世事、越发的自由通达。诗里写道：

亢亢寄形群动内，陶陶任性一生间。
自抛官后春多醉，不读书来老更闲。
琴里知闻唯渌水，茶中故旧是蒙山。
穷通行止长相伴，谁道吾今无往还？

《谢李六郎中寄新茶》诗，则表达了抱病在身时收到茶中同好寄来新茶所生发的格外感念之情：

故情周匝向交亲，新茗分张及病身。

红纸一封书后信，绿芽十片火前春。

汤添勺水煎鱼眼，末下刀圭搅曲尘。

不寄他人先寄我，应缘我是别茶人。

《山泉煎茶有怀》诗，有怀，有所怀念；诗中泠泠，清凉的样貌；瑟瑟，碧色；尘：茶叶细末；无由，无须特别的缘由，遥寄一份情怀给同爱好中人：

坐酌泠泠水，看煎瑟瑟尘。

无由持一碗，寄与爱茶人。

12. 温庭筠《西陵道士茶歌》

温庭筠(801－866年)，本名岐，字飞卿。其作既有瑰丽浓艳的乐府诗，又有曲折委婉的近体诗，语脉流畅，结构紧密之中又能疏朗，是晚唐的一流诗人。此诗，则点明饮用齿颊留香的茶汤，对自己心灵清畅、玄思近仙的助益：

乳窦溅溅通石脉，绿尘愁草春江色。

涧花入井水味香，山月当人松影直。

仙翁白扇霜鸟翎，拂坛夜读黄庭经。

疏香皓齿有余味，更觉鹤心通杳冥。

十一、茶饮外传

唐代茶主要传播到朝鲜半岛和日本。唐太宗后期，新罗使节金大廉把茶籽带回朝鲜半岛，种在智异山下的双溪寺，朝鲜从此开始种植茶叶的历史。

唐德宗贞元二十年，日本最澄禅师来我国浙江天台山国清寺学习佛经，拜道邃禅师为师，翌年归国时带去了不少茶籽，试种于日本滋贺县。其遗迹“日吉神社茶园”，迄今仍可产茶。

与最澄同年入唐的空海，留学于长安，于唐元和元年归国。他不仅带回了茶籽，还带回了制茶石臼和茶叶蒸、捣、焙等制茶技术。

这是我国的饮茶方法和习俗在日本有史可证的最早传播。

第六节　宋代艺术与民俗

陈寅恪先生一段关于宋代历史文化的评价是：“华夏民族之文化，历数千载之演进，而造极于赵宋之世。后渐衰微，终必复振”。宋代处在中国历史从中世向近世转变的转折点，即唐宋之际的社会变革时期。无论在经济、科技、文化各个领域，它都是繁荣与创造的黄金时代。

在经济方面，农业技术发展、土地开垦，提高了农业产量，奠定了经济繁荣的基础。城市商业和手工业的发展，促进了饮食文化、茶文化、建筑及居住文化的发展。

北宋首都汴京(今河南开封),凭借当时世界上最大城市的物质需求、皇城的行政资源和大运河便利的运输条件,形成天下最大的商品集散中心。它汇集了江淮的粮食、沿海的水产、北方的牛羊,以及全国各地的酒、果品、茶、丝绢、纸、书籍,甚至日本的扇子、高丽的墨料、大食(阿拉伯)的香料和珍珠。

士人社会向市民社会的转变是唐宋城市社会转型的重要特征之一,市民社会的培育与成长的重要社会环境,是公共空间的形成和拓展。“坊的制度——就是用墙把坊围起来,除了特定的高官以外,不许向街路开门的制度——到了北宋末年已经完全打破,平民百姓可以任意面对街路造屋开门了”(日本加藤繁《宋代都市的发展》)。由此,城市规划、管理及构建方式的改变,使得开封城的街巷结构,能够把商业区与居民区交织在一起。封闭而严厉的城坊制的解体,加速了都市生活与文化的发达,从而使得文人士大夫的审美趋向、生活方式能够从都市提供的艺文娱乐场所向整个社会迅速流布。文化娱乐及与社会生活有关群体活动的需求,推进了“场”的形成和街市的改造,拓展了都市生活的新空间,也营造了繁华的商业气息,增添了充满活力的市井色彩。其中,既充满活力又不乏雅意的茶事是各种场合兴办活动的要素之一或本身即为活动的主角。在繁华的街市中,茶坊与行市、酒楼、食店、瓦子(娱乐场所)等连成一片,形成摩肩接踵、昼夜喧闹的商业长廊。

南宋时代,虽然是半壁江山的偏安但依然与世界各国保持密切的经济文化交流。首都临安(今浙江杭州)是当时世界首屈一指的大都市,集居着150万固定人口和许多流动人口,是南宋的政治中心、经济中心和文化中心。在皇宫往北通向城市中心的御街,中段的酒楼茶坊之间分布着珠子市、花市、方梳行、销金行、冠子行、鲞团等“市”、“行”、“团”商业组织。商业和金融业的繁荣,使得为各行各业服务的餐饮娱乐行业也随之兴旺,酒楼、茶坊、瓦子鳞次栉比且营业通宵达旦。

各行各业的繁荣,再加上杭州西南的西湖风景区,使得杭州博得了“人间天堂”的美誉,繁华程度甚至超过了北宋汴京,林昇的一首《题临安邸》吟咏道:

山外青山楼外楼,西湖歌舞几时休。

暖风熏得游人醉,直把杭州作汴州。

杭州的茶坊,是重要的社会交际场所。其布置颇具雅趣,张挂字画,安放花架;茶饮供应随季节而变换,冬天有七宝擂茶、葱茶、盐豉汤,夏天有雪泡梅花酒、缩脾饮、暑药冰水。与此不同的“花茶坊”,则有歌楼的娱乐色彩,《武林旧事》描述其为“朝歌暮弦”。

在茶事的格调方面,北南两宋的士大夫以其特有的气质和雅韵,徜徉于山水、田园、花鸟构成的世俗生活的感觉空间,以嘉茗和香薰为表述的语汇,用意气挥斥的想象和诗情隽辞的赋吟为自己营造了一个个似可独立的精神小宇宙。在此,他们收藏人世间的情意也收获对生命的感悟,并在感悟中化解尘世中常会有的种种失意。那些身体意志更强健的，则行吟于万里之路和书画于江湖之船。

茶饮经由宋代包括皇帝和文士在内的生活艺术家赋予了雅的品质，从原本属于日常生活的细节中提炼出了清雅而高逸的情趣，也为后世奠定了风雅的基调。文人们将琴棋书画即娱乐和艺术融进茶事之中，提升了茶事的文化品位，丰富了茶事的闲情逸趣，这也是宋代茶文化高度发展而成熟的一个标志。许多著名文士如蔡襄、范仲淹、欧阳修、王安石、梅尧臣、苏轼、苏辙、黄庭坚、陆游及徽宗皇帝赵佶都乐此不疲，并且留下许多脍炙人口的文艺佳作和不乏真知灼见的茶业专著。

一、官焙南移与精细制茶

中国在宋代茶业重心南移，为了满足皇帝春天南郊祭祀用茶和热衷于尝新茶的需求，贡焙从顾渚改置建安，主要缘于天气转冷，原来江南地区的宜兴、长兴早春时发芽延迟，而南方福建地域的春日相对先到，正所谓"年年春自东南来，建溪先暖冰微开"（范仲淹《和章岷从事斗茶歌》），又有"建安三千里，京师三月尝新茶"（欧阳修《尝新茶呈圣俞》）。

宋太宗赵光义当朝的太平兴国二年(977 年)，在福建建安北苑，设立官焙采制龙凤茶，所谓"取象于龙凤，以别庶饮，由此入贡"，由刻有龙凤花草图案的圈模压制而成。圆形、方形、花形的圈模，压制出团茶、銙茶、各式形状的茶。咸平年间(998 - 1003 年)，福建转运使丁谓造贡"大龙团"，庆历时(1041 - 1048 年)任转运使的蔡襄造贡较"大龙团"更胜一筹的"小龙团"，后更精改为密云龙，采制技术也更为精致、讲究。北苑贡茶，品色繁多，极盛时贡品花色几乎不可胜数！

茶在宋代已经成为人们日常生活的必需品和文人阶层雅聚的契机，赵佶所作《文会图》，描绘的正是文人茶宴的情景。

图 2 - 6 - 1　赵佶《文会图》局部

二、蔡襄《茶录》

蔡襄(1012－1067年),字君谟,庆历年间(1041－1048年)任福建路转运使,是地方行政区域主管经济财政(包括选茶进贡事务)的官员,为北宋一代名臣。其学识渊博,书艺高深,书法以浑厚端庄、淳淡婉美自成一体。苏东坡赞道:"独蔡君谟天资既高,积学深至,心手相应,变态无穷,遂为本朝第一。然行书最胜,小楷次之,草书又次之……又尝出意作飞白,自言有翔龙舞凤之势,识者不以为过。"欧阳修的评价是:"自苏子美死后,遂觉笔法中绝。近年君谟独步当世,然谦让不肯主盟"(《欧阳文忠公集》)。书法史上论及宋代书法,将蔡襄与苏轼、黄庭坚、米芾并称"苏黄米蔡"四大书家。蔡襄卒于56岁,赠吏部侍郎,欧阳修撰《端明殿学士蔡公墓志铭》。

作为茶学家的蔡襄,在制茶上有创新,在品鉴上闻名遐迩。在任职转运使期间,以其茶学上的渊博学识和独到见解,主导研制出小龙团。熊蕃《宣和北苑贡茶录》记述为:"蔡君谟将漕,创造小龙团以进,被旨仍岁贡之"。欧阳修《归田录》卷二记述:"茶之品莫贵于龙凤,谓之团茶。凡八饼重一斤。庆历中蔡君谟为福建转运使,始造小片龙茶以进,其品绝精,谓之小团。凡二十饼重一斤,其价值金二两"。

在茶叶品鉴方面,宋彭乘在《墨客挥犀》中评价"蔡君谟善别茶,后人莫及",对于斗茶,在《茶录·点茶》中云:"建安斗试以水痕者为负,耐久者为胜。"蔡君谟为高手,见于文献只输过两次,一次是:"苏才翁与蔡君谟斗茶,俱用惠山泉,苏茶少劣;用竹沥水煎,遂能取胜"(《珍珠船》);另一次是:"周韶有诗名,好蓄奇茗。尝与蔡君谟斗胜,题品风味,君谟屈焉"(《诗女史》),这事还被苏轼在《书周韶》中记录。前一次是同样用惠山泉水,苏舜元的茶汤稍差一些;用了竹沥水(竹林内空气湿润时,在竹子身上打洞,入夜从中流出的清水),苏就取胜了,由此可见水对行茶结果的重要。后一次,是斗茶时也需要对茶的风味表达见解或作诠释,透彻达意又文辞优雅者,更胜一筹!

《茶录》,是宋代茶饮的代表性专著。皇祐年间(1051年),宋仁宗赵祯垂问建安贡茶及用其点试的情形,蔡襄撰写此书以进呈。全书分为两篇,上篇论茶,下篇论器。上篇中对茶的色、香、味和藏茶、炙茶、碾茶、罗茶、候汤、盏、点茶作了简明扼要的论述,在下篇中,对制茶用具和烹茶用具的选择,均有独到的见解。因以"斗试"为题旨,故而上、下篇各条有一定的对应关系,由此形成一个完整的体系。在此意义上,《茶录》其实是一部有关点茶和斗茶技艺的专著,阐述的是当时盛行的斗茶要旨和流程。

《茶录》中对茶叶品质的判断和制茶的"臧否"。干茶,"以肉理实润者为上";研磨成粉末之后,则以受水烹点呈鲜明的"青白",胜过呈昏重的"黄白";香气,推崇茶的本香,委婉说明在贡茶中掺入龙脑并不妥当;滋味,则以是否"甘滑"为主要依据。

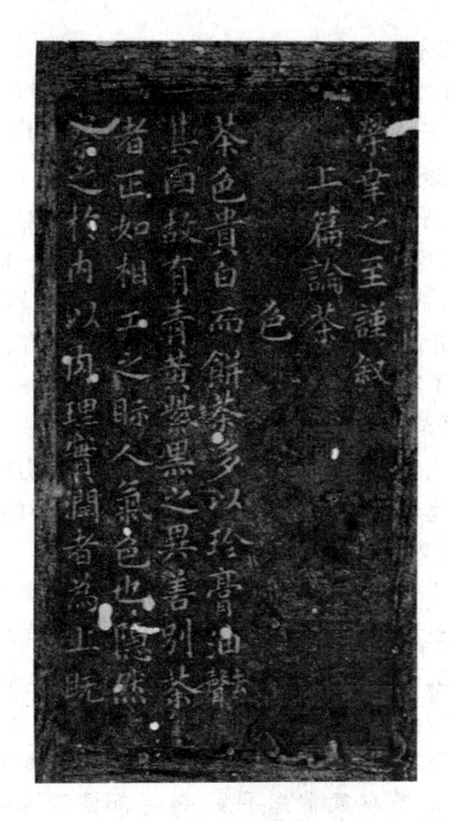

榮幸之至謹敘
上篇論茶
色
茶色貴白而餅茶多以珍膏油去聲
其面故有青黃紫黑之異善別茶
者正如相工之瞟人氣色也隱然
察之於內以肉理實潤者為上既

图 2-6-2　蔡襄《茶录》

点茶过程,由炙茶、碾茶、罗茶、候汤、熁盏和击拂各环节组成。茶汤结果,以“面色鲜明、着盏无水痕为绝佳”;其品质,取决于茶叶的优劣和点茶技艺的高低。

至于茶器具,承盛茶汤的茶盏以建窑所出厚坯黑釉的兔毫盏最适合用来斗茶。源于在其绀黑釉色的衬托下,乳白的茶沫更易观赏;而厚坯则利于茶汤保温。所谓“茶色白,宜黑盏,建安所造者绀黑,纹如兔毫,其坯微厚,熁之久热难冷,最为要用”。

治平元年(1064 年),蔡襄校正因传抄而“多舛谬”的《茶录》文本,以小楷手书并刊刻于石碑,以表达对先帝“顾遇之恩”的感念。

三、赵佶《茶论》

宋徽宗赵佶(1082 - 1135 年),是中国历史上唯一撰写茶学专著的皇帝。身居九五,可能是个错位的选择,他更应从事的是艺术的创作和鉴赏,他的让人称道的瘦金体和花鸟画就充分表现出他的才气,中国画历史上重要的《宣和画谱》也是在他执政期间由皇家画院完成。

赵佶醉心于茶，多次为臣下点茶并有记述，对于点茶有着丰富的亲身经验并撰写了茶书。该书原名《茶论》，因著成于大观年间(1107－1110年)，故多称为《大观茶论》。其序中道："至若茶之为物，擅瓯闽之秀气，钟山川之灵禀，祛襟涤滞，致清导和，则非庸人孺子可得知矣。冲澹简洁，韵高致静，则非遑遽之时可得而好尚矣。"对茶于人的情性的陶冶和饮茶的心境作了高度概括。整书分二十篇，记述了地产、天时、采摘、蒸压、制造、鉴辨、白茶、罗碾、盏、筅、瓶、杓、水、点、味、香、色、藏焙、品茗、外焙，详尽地介绍了茶叶采制、鉴别、点茶法和贮存，可谓宋代制茶和点茶的集大成之作，也推动了饮茶风气的盛行。

同一时期跟皇帝好茶对应的民间茶业，也是兴盛不已。《紫云平(坪)植茗灵园记》摩崖石刻于北宋大观三年(1109年)，镌于大巴山崇山峻岭之中(今四川万源县石窝乡)。这是我国迄今为止保存最完好，也是时代最早的记载民间茶园经营活动的石刻文字资料。其文为：

窃以丰登胜概，垭洼号古社之平。从始开荒，昔曰大黄舍宅。时在元符二载，月应夹钟，当万卉萌芽之盛，阳和煦气已临。前代府君王雅与令男王敏，得建溪绿茗，于此种植，可复一纪，仍喜灵根转增郁茂。敏思前代作如斯活计，示后世之季子、元孙，彰万代之昌荣，覆茗物而繁盛。至于大观中，求文于蓬莱释，刻石以为记。可传体而观瞻，历古今而不坏。后之览者，亦将有感于斯文也。诗曰：筑成小圃疑蒙顶，分得灵根自建溪。昨夜风雷先早发，绿芽和露濯春畦。大观三年十月念三日。

图2－6－3 《紫云坪植茗灵园记》石刻拓片

四、谂安老人《茶具图赞》

书成于咸淳五年(1269年)，记述宋代典型的十二种点茶器具，以职官为名，分别作图作赞。特点是形象生动，而且相应于官职的职责，对每种器具都赋予了性格和担当的要求。如金法曹："柔亦不茹，刚亦不吐，圆机运用，一皆有法，使强梗者不得殊轨乱辙，岂不韪欤？"法曹，掌司法的官吏，其职责要求以法为依据，平等对待执法所涉人和事,公平而坚持原则。而对待入碾的茶叶,则无论细嫩芽叶或粗老茎梗,都一概碾成粉末。

五、斗茶习俗与分茶技艺

宋代的饮茶法的主流,已从唐人的煎煮法过渡到点茶法。所谓点茶,就是将碾细的茶末直接投入茶盏中待汤瓶水煮沸后冲入茶盏,然后再用茶筅在盏中击拂。然而,虽以点茶法为主流,又缘于士人对古典的依恋而在相关的场合或情形下采用煎茶法。换言之,唐代茶饮主流方式的遗风,可能始终没有完全淡出,而以一种怀旧或古雅的方式,既保存在诗词书画里,又时而出现在文士的茶会雅集中,而总在指引后人对古典的持守和传承。

宋代的茶饮,兼有煎茶与点茶,前者是将茶碾磨成末投入沸水中煎煮,后者则将更为精细的茶末放入茶盏注水调膏,然后用开水冲点。在当时的人们看来,沿袭自唐代的煎茶当然是古风,如由南唐入宋的徐铉在咏茶诗作里所申明的"任道时新物,须依古法煎"(《和门下殷侍郎新茶二十韵》)。随着时间的推移,宋人主导或主流的茶饮方式则渐为点茶法。其行茶流程,从某种意义上相当完整地保留在日本抹茶道中并持续至今。

以点茶法为基础,在宋代有人们喜闻乐见的斗茶习俗和精妙高超的分茶技艺。

宋代点茶法,以蔡襄《茶录》为主要依据,基本流程是:

①碾茶:茶饼先"以净纸密裹槌碎"成块,放入碾槽碾成粉末。碾茶得法,则已散香醒人,如陆游《剑南诗稿·昼卧闻碾茶》所描述:"玉川七碗何须尔,铜碾声中睡已无"。

注:南宋时明确,在碾茶之后再行磨茶,即用石磨将茶末磨得更细。

②罗茶:用筛过的茶末使点汤用粉精细,以获得"入汤轻泛,粥面光凝,尽茶色"的效果;其原因在于"罗,细则茶浮,粗则沫浮","罗细烹还好"。

③候汤:对水质的判断,以"清轻甘洁为美",选择"山泉之清洁者,其次则井水之常汲者为可用"。

北宋时蔡襄认为:"候汤最难,未熟则末浮,过熟则茶沉"。南宋时罗大经则将水的烹煮状况概括为介于陆羽三沸说的"背二涉三",即以烧水时的声响来判断:"砌虫唧唧万蝉催,忽有千车捆载来;听得松风并涧水,急呼缥色绿瓶杯",或者"松风桧雨到来初,急引铜瓶离竹炉;待得声闻俱寂后,一瓯春雪胜醍醐"。

④熁盏:用火将茶盏烤热,作用如同现在的温壶烫杯。

⑤点茶:往茶盏投入"一钱匕(小匙)"茶末,兑少量开水调成均匀的膏状,再边注水边用汤匙(后用茶筅)击打出泡沫,即成茶汤。

概括来说,点茶就是茶末兑开水,搅击出沫成汤——茶汤表面的泡沫,是宋代行茶的主要特征。

所谓斗茶也称“茗战”，最早流行于福建建安一带，北宋时期，斗茶蔚然成风。判断斗茶输赢，一看茶面汤花的色泽与均匀程度；二看茶汤与茶盏内沿相接处水痕（即“水脚”）出现的早晚。汤花以色泽鲜白、细碎均匀为上。汤花紧贴盏沿，持久不散，称作“咬盏”，咬盏时间长者为赢家，汤花消散快，盏沿先出现水脚者则为输家。换言之，斗茶，就是比较茶汤表面泡沫的细、白和存续时间，以此判断的是茶叶的品质，同时也是点茶的技艺。

斗茶的风尚习俗，始于宋代初期，到北宋末年的徽宗朝达到其鼎盛。宋廷南渡以后，即已衰落渐歇，此中情形也恰与建窑烧制御用兔毫盏的时间大致相当。因此，斗茶流布的空间范围其实不大，时间也不很长，而且士人很少推崇或赞赏这样的事项。苏轼的《荔枝叹》就不无微词道：“君不见，武夷溪边粟粒芽，前丁后蔡相笼宠加。争新买宠各出意，今年斗品充官茶。吾君所乏岂此物，致养口体何陋耶！”而跟蔡襄相处不错的欧阳修，在听说他精制小龙团进贡时曾惊叹说：“君谟士人也，何至作此事！”可见在欧阳修眼里，精制小龙团作贡品的行为，对于作为“士人”的蔡襄，是有损品格的。

图2－6－4　宋斗茶图

所谓分茶，是以茶汤为纸，泡沫为绘。据书载有两种方法：一是“下汤适匕，别施妙诀，使汤纹水脉成物象者，禽兽虫鱼花草之属，纤巧如画”，二是“注汤幻茶，成一句诗,并点四瓯,共一绝句,泛乎汤表。小小物类,唾手办耳”。前一种方法,是用小汤匙移动汤面泡沫,形成“物象”,后一种方法,是往茶盏里注入已点成的茶汤,使泡沫分布成“物类”,甚至一个个字组成“一句诗”!

分茶,在宋代是文人消遣的一种雅玩,即如陆游《临安春雨初霁》所叙的“矮纸斜行闲作草,晴窗细乳戏分茶”。

六、诗意栖居中的四般闲事

茶饮之事,可以追求清雅的意味,如梅妻鹤子的林逋《寄思齐上人》诗云:“潏潏药泉来石窦,霏霏茶蔼出松梢”,《湖山小隐二首》道:“阁掩茶烟晚,廊回雪溜清”,清辞丽句一如一脉润泽的清气。肇自于唐代陆羽,经宋代酿就的气韵与风致,绵延至明而蔚成大观,虽然茶饮方式发生着流变,但士人所爱的茶之清韵一脉相承。

同时,家具中桌椅形态的成熟,使得士人凭借“一桌一榻或一把交椅,便随处可以把起居安排得适意,可室中独处,也可提契出行,或流连山水,或栖息池阁。可坐可卧,闻香,听雪,抚着风的节奏,看花开花落”。(扬之水《终朝采蓝》)

宋代文人雅士,闲下心来会做四件雅玩的事:焚香、挂画、插花、点茶。

1. 焚香

香事最早可溯至六千年前的新石器时代,当时以燔烧芳香植物的“燎祭”形式,来做人与天的沟通,人们注重的是烟的形状和升腾的高度。江浙一带的良渚文化和黄河下游的龙山文化,出土的熏炉则表明香事从野外转移到了室内。

商周时期,焚薰物的香气类型已为人们所辨别和选择。在东周的战国时期,熏香物甚至已作为美好事物的象征被赋予道德的寓意和品性的内涵。著名诗人屈原在《离骚》中以佩香植兰自拟为行操的培养和修行:“扈江离与辟芷兮,纫秋兰以为佩”、“余既滋兰之九畹兮,又树蕙之百亩。畦留夷与揭车兮,杂杜蘅与芳芷”;又以饮露餐菊作为澡身浴德的途径:“朝饮木兰之坠露兮,夕餐秋菊之落英”。香炉上的鸟拟为上苍的使者,表明那时的香炉依然承载着沟通天人的功能。

魏晋时,社会动乱而又穷奢极侈,人们视熏香为奢华享受的重要组成因而在门阀或富商等特殊阶层应用成风,以至于香料昂贵。东晋仙家葛洪道人在《抱朴子》中记述:“人鼻无不乐香,故硫黄、郁金、芝兰、苏合、玄膳、索胶、江蓠、揭车、春蕙、秋兰,价同琼瑶。”

唐代,香文化在各个方面都获得长足发展,香品的种类更为丰富,制作与使用更为考究。用香成为礼制的重要内容,文人阶层普遍用香。用香形式多样,有薰香、印香(即篆香)、线香等;香料或香材用来熏衣、沐浴、佩戴、悬挂。由香而发或寓意于香的诗作,渲染了大唐用香和香事生活的氛围。如贾至《早朝大明宫》诗云:“剑佩声随玉墀步,衣冠身惹御炉香”,杜甫与王维有相应和诗,杜甫句为“朝罢香烟携满袖,诗成珠玉在挥毫”,王维句为“日色才临仙掌动,香烟欲傍衮龙浮”,记述的是朝堂薰香。王建《香印》诗云:“闲坐烧印香,满户松柏气。火尽转分明,青苔碑上字”,白居易有诗句“香印朝烟细,纱灯夕焰明”,后唐李煜有词句“绿窗冷静芳音断,香印成灰,可奈情怀,欲睡朦胧入梦来”,描绘的打香成印、焚篆成文的景象和撩拨出的情怀。李商隐的“一寸相思一寸灰”,说的是香炷(即后世的线香),“兽焰微红隔云母”说的则是隔火熏香。

宋代,是中国香文化在古代的鼎盛时期,用香已遍及社会生活的方方面面。在宫廷宴会、婚礼庆典、茶坊酒肆等各类场所都有袅袅香烟,而文人雅士日常生活和艺文雅聚少不得香的缭绕,且更陶醉于香药的研究和合香的方法。苏轼词句“夜香知与阿谁烧,怅望水沈烟袅”,黄庭坚诗句“隐几香一炷,露台湛空明”,辛弃疾词句“记得同烧此夜香,人在回廊,月在回廊”、“老去逢春如病酒,唯有,茶瓯香篆小帘栊”,陆游词句“铜炉袅袅海南沉,洗尘襟”,都是用香的情境和引发的联翩浮想。而在文人的生活方式里,趣味无尽的赏心乐事当然有香的氤氲:“读义理书,学法帖字;澄心静坐,益友清谈;小酌半醺,浇花种竹;听琴玩鹤,焚香煎茶;登城观山,寓意弈棋”(倪思《齐斋十乐》)。

“鼻观”所宜,最好是清新不杂、万物和谐状况之下的干净气味。行茶时,要以这样的气味为基底,加上一抹似有若无、有时沁人心肺无时令人怀想的色彩,这就是焚香。茶饮配合焚香,可以有助于构成茶事活动的起承转合的完整过程。

启。在茶事开始前,于入口处或茶席中薰香,以清新淡雅、隐约悠然的香气,营造安详而宁静的氛围。

承。通常,在茶饮冲泡和品赏的主要阶段,众人的关注不宜分散,可不必特意设香。

转。如果茶事分段进行,可在前一段结束时,用焚香来“截断”余绪以转换心情。

合。精致而富于人文意味的香道具如同茶器具,在茶事中的适当时机,可以分享共赏,这样的鉴赏甚至可以拟为茶会的主题。

2. 挂画

在行茶品茗的环境中挂画的做法,始于唐代陆羽的提倡。《茶经·十之图》曰:“以绢素或四幅或六幅,分布写之,陈诸座隅,则……目击而存,于是茶经之始终备焉”。

宋灭后蜀,蜀宫的书画玉器、金银珠宝尽为被收缴,宋太祖赵匡胤(927 – 976年)“阅蜀宫画图,问其所用,曰:以奉人主尔。太祖曰:独览孰若使众观邪?于是,以赐东门外茶肆”(《后山丛谈》)。这是一种与民同乐的姿态,却开启了茶馆“挂名人画，装点门面”的风气。

3. 插花

以自然植物为主要材料的造型艺术。在茶事活动中，也是营造氛围和表达旨趣的一个环节，然须符合茶的意趣——自然气息，活泼生机，生命姿采。

4. 摆放位置

基本形式要素来源于中国宋代的日本抹茶道茶室，某种意义上，正是诗般闲事的完整保留空间，突出表现在茶室的名为“床之间”的壁龛上。其功能，正是挂画、摆放插花和焚香用具。日本茶道经典《南方录》中认为：“茶道具之中，没有比挂轴更重要的了。挂轴是客人和主人一同进修，以期悟道的指标”。至于也摆布于此的插花作品，按千利休时代的茶会记录，对于其手法、风格等也并没有什么限制，甚至可说相当的自由。能够怀着清净的心，清清爽爽地来插花或欣赏花才是最重要的事。而床龛，也就成了茶会的精神和主人心境心意的呈现所在。

七、临安茶馆

宋继承唐代饮茶之风，日益普及。梅尧臣《南有嘉茗赋》云：“华夷蛮豹，固日饮而无厌，富贵贫贱，亦时啜无厌不宁。”宋吴自牧《梦粱录》卷十六“鲞铺”载：“盖人家每日不可阙者，柴米油盐酱醋茶。”自宋代开始，茶就成为开门“七件事”之一。宋徽宗赵佶《大观茶论》序云：“缙绅之士，韦布之流，沐浴膏泽，薰陶德化，盛以雅尚相推，从事茗饮。顾近岁以来，采择之精，制作之工，品第之胜，烹点之妙，莫不盛造其极。”茶饮的雅俗共赏，使得上层的“缙绅”和庞大的“韦布”都乐在其中，茶馆的兴盛可以想见。

茶馆，是供三教九流喝茶的公共场合，唐代已有，宋代尤盛。吴自牧《梦粱录》卷十六“茶肆”所记，大致是休闲消遣和市井办事的所在：

今之茶肆，列花架，安顿奇松异桧等物于其上，装饰店面，敲打响盏歌卖，止用瓷盏漆托供卖，则无银盂物也。夜市于大街有东担设浮铺，点茶汤以便游玩观之人。大凡茶楼多有富室子弟，诸司下直等人会聚，司学乐器、上教曲赚之类，谓之‘挂牌儿’。人情茶肆，本非以点茶汤为业，但将此为由，多觅茶金耳。又有茶肆专是王奴打聚处，亦有诸行借买志人会聚行老，谓之‘市头’。大街有三五家靠茶肆，楼上专安着妓女，名曰‘夜茶坊’……非君子驻足之地也。更有张卖店隔壁黄尖嘴蹴球茶坊，又中瓦内王妈妈家茶肆名一窟茶坊，大街车儿茶肆、将检阅茶肆，皆士大夫期明约友会聚之处。巷陌街坊，自有提茶瓶沿门点茶，或朔望日，如遇吉凶二事，点送邻里茶水，倩其往来传语。又有一等街司衙兵百司人，以茶水点送门面铺席，乞觅钱物，谓之‘龊茶’。僧道头陀欲行题注，先以茶水沿门点送，以为进身之阶。

南宋都城临安(今杭州市)茶肆林立,不仅有人情茶肆、花茶坊、夜市,还有东担浮铺点茶汤以便游观之人。有提茶瓶沿门点茶,有以茶水点送门面铺席,僧道头陀以茶水沿门点送以为进身之防。茶在社会中扮演着重要角色。

八、相关书画与诗文

1. 刘松年《十八学士图 弈》

刘松年(1155－1218年),南宋宫廷画家。钱塘(今浙江杭州)人。因居于清波门,故有刘清波之号,与李唐、马远、夏圭共称南宋四大家。常画山明水秀之西湖胜景,因题材多园林小景,人称"小景山水"。也多有生活场景之作,所画人物神情生动,衣褶清劲,精妙入微。此图为《十八学士图》系列画作之一的下棋场景,文士生活中,茶饮多不可少,且器精茗佳。

图2－6－5　刘松年《十八学士图－弈》

2. 赵孟頫《斗茶图》

赵孟頫(1254－1322年),字子昂,号松雪道人。其为宋末元初的书画大家,此画生动描绘了盛行一时的斗茶情景,构图疏朗与细密结合有致,人物神情专注而生动。

3. 苏轼《一夜帖》

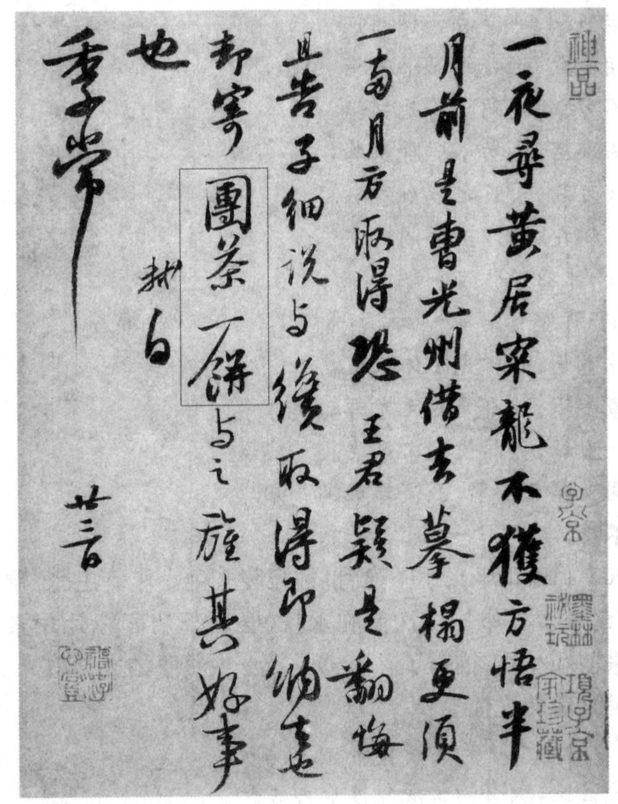
一夜尋黄居寀龍不獲方悟半
月前是曹光州借去摹搨更須
一兩月方取得恐 王君疑是翻悔
且告子細說與纔取得即納去也
却寄團茶一餅與之旌其好事
也 軾白
季常 廿三日

图2-6-6 苏轼《一夜帖》

4. 范仲淹《和章岷从事斗茶歌》

范仲淹(989-1052年),字希文,汉族,苏州吴县(今属江苏)人 。北宋著名的政治家、思想家、军事家和文学家。他好茶与琴,陆游《老学庵笔记》载:“范文正公喜弹琴,然平日只弹《履霜》一曲,时人谓之范履霜。”歌道:

年年春自东南来,建溪先暖冰微开。

溪边奇茗冠天下,武夷仙人从古栽。

新雷昨夜发何处,家家嬉笑穿云去。

露芽错落一番荣,缀玉含珠散嘉树。

终朝采掇未盈襜,唯求精粹不敢贪。

研膏焙乳有雅制,方中圭兮圆中蟾。

北苑将期献天子,林下雄豪先斗美。

鼎磨云外首山铜,瓶携江上中泠水。

黄金碾畔绿尘飞，紫玉瓯心雪涛起。
斗余味兮轻醍醐，斗余香兮蒲兰芷。
其间品第胡能欺，十目视而十手指。
胜若登仙不可攀，输同降将无穷耻。
于嗟天产石上英，论功不愧阶前蓂。
众人之浊我可清，千日之醉我可醒。
屈原试与招魂魄，刘伶却得闻雷霆。
卢仝敢不歌，陆羽须作经。
森然万象中，焉知无茶星。
商山丈人休茹芝，首阳先生休采薇。
长安酒价减千万，成都药市无光辉。
不如仙山一啜好，泠然便欲乘风飞。
君莫羡花间女郎只斗草，赢得珠玑满斗归。

5. 梅尧臣茶诗

梅尧臣(1002－1060年)，字圣俞，世称宛陵先生。作诗主张“状难写之景如在目前，含不尽之意见于言外”。《次韵和永叔〈尝新茶杂言〉》运用素朴的语言记述了北苑贡茶的采制和品质，描写了斗茶器具及令人赞叹的点茶效果。其开头两句，被刻在湖州陆羽墓前的立柱上：

自从陆羽生人间，人间相学事春茶。
当时采摘未甚盛，或有高士烧竹煮泉为世夸。
入山乘露掇嫩觜，林下不畏虎与蛇。
近年建安所出胜，天下贵贱求呀呀。
东溪北苑供御余，王家叶家长白牙。
造成小饼若带銙，斗浮斗色倾夷华。
味甘回甘竟日在，不比苦硬令舌窊。
此等莫与北俗道，只解白土和脂麻。
欧阳翰林最别识，品第高下无攲斜。
晴明开轩碾雪末，众客共赏皆称嘉。
建安太守置书角，青蒻包封来海涯。
清明才过已到此，正见洛阳人寄花。
兔毛紫盏自相称，清泉不必求虾蟆。
石缾煎汤银梗打，粟粒铺面人惊嗟。
诗肠久饥不禁力，一啜入腹鸣咿哇。

《依韵和杜相公谢君谟寄茶》的“紫泥新品泛春华”句，有被误为指宜兴紫砂

器,而实为釉色黑褐的建盏。诗曰:

天子岁尝龙焙茶,茶官催摘雨前茶。

团香已入中都府,斗品争传太傅家。

小石冷泉留早味,紫泥新品泛春华。

吴中内史才多少,从此莼羹不足夸。

6. 欧阳修茶诗

欧阳修(1007-1072年),字永叔,号醉翁。其文名卓著,与韩愈、柳宗元、王安石、苏洵、苏轼、苏辙和曾巩合称唐宋八大家。其《双井茶》吟道:

西江水清江石老,石上生茶如凤爪。

穷腊不寒春气早,双井茅生先百草。

白毛囊以红碧纱,十斤茶养一两芽。

长安富贵五侯家,一啜尤须三日夸。

宝云日注非不精,争新弃旧世人情。

岂知君子有常德,至宝不随时变易。

君不见建溪龙凤团,不改旧时香味色。

《尝新茶呈圣俞》,系与至交梅尧臣分享收到新茶时的勃勃兴致,叙述了建安茶开采的情形和试茶时的感慨。诗云:

建安三千里,京师三月尝新茶。

人情好先务取胜,百物贵早相矜夸。

年穷腊尽春欲动,蛰雷未起驱龙蛇。

夜闻击鼓满山谷,千人助叫声喊呀。

万木寒痴睡不醒,惟有此树先萌芽。

乃知此为最灵物,宜其独得天地之英华。

终朝采摘不盈掬,通犀銙小圆复窊。

鄙哉谷雨枪与旗,多不足贵如刈麻。

建安太守急寄我,香箬包裹封题斜。

泉甘器洁天色好,坐中拣择客亦嘉。

新香嫩色如始造,不似来远从天涯。

停匙侧盏试水路,拭目向空看乳花。

可怜俗夫把金锭,猛火炙背如虾蟆。

由来真物有真赏,坐逢诗老频咨嗟。

须臾共起索酒饮,何异奏雅终淫哇。

7. 苏轼《叶嘉传》及茶诗

苏轼(1036-1101年):字子瞻,号东坡居士,眉州眉山(今属四川)人。嘉祐年间进士。曾任翰林学士，出知杭州、颍州，官至礼部尚书。其学识渊博，诗、书、文、画、词都有极高造诣。其诗清新，其词豪放，其书尤擅行、楷。

《叶嘉传》一文，以拟人化手笔为茶叶立传也不无自喻。其以一千两百多字的篇幅，描绘了一位资质刚劲、励志清白的君子形象。其中，叶嘉指代建安茶叶，说他“风味恬淡，清白可爱，颇负其名，有济世之才”，外观品相又“容貌如铁，资质刚劲”。宋代行茶时，与茶（叶嘉）相伴的器具等也分别以御史欧阳高（盛茶汤的瓯）、金紫光禄大夫郑当时（煮水的铛）、甘泉侯陈平（点茶注水的汤瓶）来指代。原文是：

叶嘉，闽人也。其先处上谷，曾祖茂先，养高不仕，好游名山，至武夷，悦之，遂家焉。尝曰：“吾植功种德，不为时采，然遗香后世，吾子孙必盛于中土，当饮其惠矣。”茂先葬郝源，子孙遂为郝源民。

至嘉，少植节操。或劝之业武。曰：“吾当为天下英武之精，一枪一旗，岂吾事哉。”因而游，见陆先生，先生奇之，为著其行录传于世。方汉帝嗜阅经史时，建安人为谒者侍上，上读其行录而善之。曰：“吾独不得与此人同时哉！”曰：“臣邑人叶嘉，风味恬淡，清白可爱，颇负其名，有济世之才，虽羽知犹未详也。”上惊，敕建安太守召嘉，给传遣诣京师。郡守始令采访嘉所在，命赍书示之。嘉未就，遣使臣督促。郡守曰：“叶先生方闭门制作，研味经史，志图挺立，必不屑进，未可促之。”亲至山中，为之劝驾，始行登车。遇相者揖之曰：“先生容质异常，娇然有龙凤之姿，后当大贵。”嘉以皂囊上封事。

天子见之曰：“吾久饫卿名，但未知其实耳，我其试哉。”因顾谓侍臣曰：“视嘉容貌如铁，资质刚劲，难以遽用，必捶提顿挫之乃可。”遂以言恐嘉曰：“砧斧在前，鼎镬在后，将以烹子，子视之如何？”嘉勃然吐气曰：“臣山薮猥士，幸惟陛下采择至此，可以利生，虽粉身碎骨，臣不辞也。”上笑，命以名曹处之，又加枢要之务焉。因诫小黄门监之。有顷报曰：“嘉之所为，犹若粗疏然。”上曰：“吾知其才，第以独学未经师耳。嘉为之，屑屑就师，顷刻就事，已精熟矣。”上乃敕御史欧阳高、金紫光禄大夫郑当时、甘泉侯陈平三人，与之同事。欧阳嫉嘉初进有宠，曰：“吾属且为之下矣。”计欲倾之。会天子御延英，促召四人。欧但热中而已，当时以足击嘉；而平亦以口侵凌之。嘉虽见侮，为之起立，颜色不变。欧阳悔曰：“陛下以叶嘉见托吾辈，亦不可忽之也。”因同见帝，阳称嘉美，而阴以轻浮訾之。嘉亦诉于上。上为责欧阳，怜嘉，视其颜色，久之，曰：“叶嘉真清白之士也，其气飘然若浮云矣。”遂引而宴之。少选间，上鼓舌欣然曰：“始吾见嘉，未甚好也；久味之，殊令人爱，朕之精魄，不觉洒然而醒；书曰：‘启乃心，沃朕心’，嘉元谓也。于是封嘉为钜合侯，位尚书。曰：‘尚书，朕喉舌之任也。’”

由是宠爱日加。朝廷宾客，遇会宴享，未始不推于嘉。上日引对，至于再三。

后因侍宴苑中,上饮逾度,嘉辄苦谏。上不悦曰:"卿司朕喉舌,而以苦辞逆我,余岂堪哉。"遂唾之,命左右仆于地。嘉正色曰:"陛下必欲甘辞利口,然后爱耶?臣言虽苦,久则有效,陛下亦尝试之,岂不知乎?"上顾左右曰:"始吾言嘉刚劲难用,今果见矣。"因含容之,然亦以是疏嘉。嘉既不得志,退去闽中。既而曰:"吾未如之何也,已矣。"上已不见嘉月余,劳于万几,神思困,颇思嘉。因命召至,喜甚,以手抚嘉曰:"吾渴见卿久也。"遂恩遇如故。

上方欲以兵革为事。而大司农奏计国用不足,上深患之,以问嘉。嘉为进三策。其一曰:榷天下之利,山海之资,一切籍于县官。行之一年,财用丰赡。上大悦。兵兴有功而还。上利其财,故榷法不罢。管山海之利,自嘉始也。居一年,嘉告老。上曰:"钜合侯其忠可谓尽矣。"遂得爵其子。又令郡守择其宗支良者,每岁贡焉。

嘉子二人。长曰抟,有父风,袭爵。次曰挺,抱黄白之术。比于抟,其志尤淡泊也。尝散其资,拯乡闾之困,人皆德之。故乡人以春伐鼓,大会山中,求之以为常。

赞曰:今叶氏散居天下。皆不喜城邑,惟乐山居。氏于闽中者,盖嘉之苗裔也。天下叶氏虽伙,然风味德馨,为世所贵,皆不及闽。闽之居者又多,而郝源之族为甲。嘉以布衣遇天子,爵彻侯,位八座,可谓荣矣。然其正色苦谏,竭力许国,不为身计,盖有以取之。夫先王用于国有节,取于民有制,至于山林川泽之利,一切与民。嘉为策以榷之。虽救一时之急,非先王之举也。君子讥之。或云管山海之利,始于盐铁丞孔仅、桑弘羊之谋也。嘉之策未行于时,至唐赵赞始举而用之。

他的《汲江煎茶》一诗,写出了以活水、活火点出雪乳美味的情趣。诗云:

活水还须活火烹,自临钓石汲深情。

大瓢贮月归春瓮,小杓分江入夜铛。

雪乳已翻煎处脚,枫风忽作泻时声。

枯肠未易禁三碗,卧听山城长短更。

《试院煎茶》,叙述在试院那样对读书人有特殊意义的场合煮水点茶的情形和生发的愿望。诗曰:

蟹眼已过鱼眼生,飕飕欲作松风鸣。

蒙茸出磨细珠落,眩转绕瓯飞雪轻。

银瓶泻汤夸第二,未识古人煎水意。

君不见,昔时李生好客手自煎,贵从活火发新泉。

又不见,今时潞公煎茶学西蜀,定州花瓷琢红玉。

我今贫病常苦饥,分无玉碗捧蛾眉。

且学公家作茗饮,砖炉石铫行相随。

不用撑肠拄腹文字五千卷,但愿一瓯常及睡足日高时。

《次韵曹辅寄壑源试焙新茶》，描写清风、明月时光，对佳茗犹如对佳人的感受。诗曰：

仙山灵草湿行云，洗遍香肌粉末匀。

明月来投玉川子，清风吹破武林春。

要知冰雪心肠好，不是膏油首面新。

戏作小诗君勿笑，从来佳茗似佳人。

元丰年间，苏轼贬居黄州，因生活困难，于元丰四年（1081 年）求得故营之东数十亩荒地开垦种植，名曰东坡，自号东坡居士。园中筑草堂，名曰“雪堂”，种植桑树和小麦，并向附近寺庙讨来茶树种子播种，为此写有《问大冶长老乞桃花茶栽东坡》：

周诗记茶苦，茗饮出近世。

初缘厌粱肉，假此雪昏滞。

嗟我五亩园，桑麦苦蒙翳。

不令寸地闲，更乞茶子艺。

饥寒未知免，已作太饱计。

庶将通有无，农末不相戾。

春来冻地裂，紫笋森已锐。

牛羊烦呵叱，筐筥未敢睨。

江南老道人，齿发日夜逝。

他年雪堂品，空记桃花裔。

8. 黄庭坚《咏茶·小令》

黄庭坚（1045－1105 年），字鲁直，自号山谷道人。北宋文学家、书法家，擅文章、诗词，为盛极一时的江西诗派开山之祖；书法方面，大字行书凝练有力，结构奇特，几乎每一字都有一些夸张的长画，并尽力送出，形成中宫紧收、四缘发散的崭新结字方法，对后世产生很大影响。草书单字结构奇险，章法富有创造性，经常运用移位的方法打破单字之间的界限，使线条形成新的组合，节奏变化强烈，因此具有特殊的魅力。早年受知于苏轼，与张耒、晁补之、秦观并称“苏门四学士”。该词作，将吃茶的感受比作与远方归来的老友对坐，动人而回味隽永：

凤舞团团饼。恨分破，教孤令。金渠体净，只轮慢碾，玉尘光莹。汤响松风，早减了二分酒病。

味浓香永。醉乡路，成佳境。恰如灯下，故人万里，归来对影。口不能言，心下快活自省。

图2－6－7　黄庭坚像

9. 陆游《临安春雨初霁》

陆游(1125－1210年),字务观,号放翁,越州山阴(今浙江绍兴)人。南宋诗人,创作诗歌很多,内容极为丰富,抒发平生抱负,风格雄浑豪放;抒写日常生活,也多清新之作。

陆放翁一生曾仕于闽、苏、蜀、赣,在辗转各地间遍尝各处名茶。其茶诗情结十分突出,一生所作多达200多首。从诗中可以看出,他对江南茶叶尤其是故乡茶热爱有加,如诗句“我是江南桑苎翁,汲泉闲品故园茶”中,“故园茶”就是当时的绍兴日铸茶。还有“囊中日铸传天下,不是名泉不合尝”、“汲泉煮日铸,舌本方味永”,都是这种情怀的表达。

《临安春雨初霁》记述的是陆游在宫外等候见皇帝时,为打发时间信手游戏的两件事,一是走笔行草,二是分茶。原文:

世味年来薄似纱,谁令骑马客京华?

小楼一夜听春雨,深巷明朝卖杏花。

矮纸斜行闲作草,晴窗细乳戏分茶。

素衣莫起风尘叹,犹及清明可到家。

第七节　元代之承上启下

宋元时期，茶叶生产散茶渐盛，即茶叶形制从团茶向散茶转折或过渡。在元代，散茶已明显超过团饼形式的茶，成为主要的生产茶类。据元朝中期刊印的王祯《农书》记述，当时除贡茶仍采用紧压茶外，大多数地区和民族，一般都采制和饮用叶茶和末茶。其中“采造藏贮”一节，完整记载了散叶形的蒸青绿茶的采制工艺，即“采之宜早，率以清明谷雨前者为佳……采讫，以甑微蒸，生熟得所；蒸已，用筐箔薄摊，乘湿略揉之，入焙匀布火，烘令干，勿使焦。编竹为焙，裹箬覆之，以收火气”。

茶饮物质形态的改变，必然影响到茶文化的各个方面，中国上古传统的制茶工艺和烹饮习惯，由宋元茶类的改制，转入明清，走向近代发展之路。

元代，“茶之用有三，曰茗茶，曰末茶，曰蜡茶”。“茗茶”，指茶芽散装者，南方普遍使用；“末茶”，指细碾点试者，“南方虽产茶，而识此法者甚少”；“蜡茶”，指封蜡上贡的茶，民间则罕见。进贡宫廷仍以末茶和蜡茶为主。元代武夷茶取代北苑茶成为贡茶，并在福建武夷山九曲设立御茶园。元代点茶仍然盛行，但“烹茶芽”的煎茶方式日渐兴起。

一、耶律楚材《西域从王君乞茶·因其韵七首》

耶律楚材（1190－1244 年），字晋卿，号玉泉，法号湛然居士。成吉思汗攻占燕京，派人向他问计治国。元世祖中统二年（1261 年），忽必烈遵耶律楚材遗愿，将其遗骸移葬于故乡 玉泉以东的瓮山，即今颐和园万寿山。原文之一、六如下：

其一：

积年不啜建溪茶，心窍黄尘塞五车。
碧玉瓯中思雪浪，黄金碾畔忆雷芽。
卢仝七碗诗难得，谂老三瓯梦亦赊。
敢乞君侯分数饼，暂教清兴绕烟霞。

其六：

枯肠搜尽数杯茶，千卷胸中到几车。
汤响松风三昧手，雪香雷震一枪芽。
满囊垂赐情何厚，万里携来路更赊。
清兴无涯腾八表，骑鲸踏破赤城霞。

二、虞集《游龙井》

虞集（1272－1348 年），字伯生，祖籍仁寿（今属四川），侨居江西临川。他是元代延佑、至顺间(1314－1333年)最负盛名的文学家,描写江南春景的名句"杏花春雨江南",就出于他的手笔。《游龙井》有情景有念想,有风物有雅意。原文:

杖藜入南山,却立赏奇秀。
所怀玉局翁,来往絇履旧。
空余松在涧,仍作琴筑奏。
徘徊龙井上,云气起晴昼。
入门避沾洒,脱屐乱苔甃。
阳岗扣云石,阴房绝遗构。
澄公爱客至,取水挹幽窦。
坐我薝蔔中,余香不闻嗅。
但见瓢中清,翠影落群岫。
烹煎黄金芽,不取谷雨后。
同来二三子,三咽不忍漱。
讲堂集群彦,千蹬坐吟究。
浪浪杂飞雨,沉沉度清漏。
令我怀幼学,胡为裹章绶。

三、杨维桢《煮梦茶记》

杨维桢(1296－1370年),字廉夫,号铁崖、东维子,会稽人。明洪武二年,召至京师,议订各种仪礼法典。其诗、文、戏曲均有建树,为元代诗坛领袖,因诗擅名,所作诗号铁崖体。其诗文清秀隽逸,别具一格。本文阐发了茶道的古风要义,文中形象情境,如梦似幻、神思踊跃,有道风仙韵的神奇与气度。原文:

铁龙道人卧石林。移二更,月微明及纸帐,梅影亦及半窗,鹤孤立不鸣。命小芸童汲白莲泉,燃槁湘竹,授以凌霄芽为饮供。

道人乃游心太虚,雍雍凉凉。若鸿蒙,若皇芒,会天地之未生,适阴阳之若亡,恍兮不知入梦。

遂坐清真银晖之堂。堂上香云帘拂地,中着紫桂榻、绿璃几。看太初《易》一集,集内悉星斗文。焕煜爚熠,金流玉错,莫别爻画。若烟云日月,交丽乎中天。欻玉露凉,月冷如冰,入齿者易刻,因作《太虚吟》。吟曰:"道无形兮兆无声,妙无心兮一以贞,百象斯融兮太虚以清。"歌已,光飙起林末。激华氛,郁郁霏霏,绚烂淫艳。乃有扈绿衣若仙子者,从容来谒,云:"名淡香,小字绿花。"乃捧太玄杯,酌太清神明之醴以寿予。侑以词曰:"心不行,神不行;无而为,万化清。"寿毕,纾徐而退。复令小玉环侍笔牍,遂书歌。遗之曰:"道可受兮不可传,天无形兮四时以言。妙乎天兮天天之先,天天之先复何仙。"

移间，白云微消，绿衣化烟。月反明予内间，予亦悟矣。遂冥神合元，月光尚隐隐于梅花间。小芸呼曰："凌霄芽熟矣。"

四、散曲小令

元代以曲盛兴，茶文化也多了一种文学的载体，尤以散曲、小令多见。如李德载《喜春来·赠茶肆》小令十首，原文一、七、十如下：

其一：

茶烟一缕轻轻飏，搅动兰膏四座香，烹煎妙手赛维扬。非是谎，下马试来尝。

其七：

兔毫盏内新尝罢，留得余香满齿牙，一瓶雪水最清佳。风韵煞，到底属陶家。

其十：

金芽嫩采枝头露，雪乳香浮塞上酥，我家奇品世间无。君听取，声价彻皇都。

第八节　明代之闲适寄情

明代的贡茶制度，在洪武二十四年(1391 年)明太祖朱元璋下诏后发生了重大变化。诏曰："罢造龙团，惟采茶芽以进"，废贡团茶，改贡叶茶(散茶)，使民间早已盛行的散茶清饮冲泡法替代唐煎宋点行茶法真正成为茶饮主流。后人对于此评价甚高："今人惟取初萌之精者，汲泉置鼎，一瀹便啜，遂开千古茗饮之宗"。明代人认为这种饮法，简便异常，天趣悉备，可谓尽茶之真味矣。两宋之时的斗茶之风消失，转为以沸水冲泡叶茶的瀹饮趣味。在明代后期，浙江长兴蒸青法制作的岕茶，为一些文人雅士以怀旧的情调重新烹而点之，成一时之风气。

明代，中国日常诗意生活的空间——园林大有发展。与此呼应的，是相关器物的全面丰富和完善。建筑、家具、漆器和丝绸越发精致，人们的口味真正会有食不厌精的要求，对各种感官嗜好品的鉴赏和品评纤细入微，从而使得享受有趣味的生活艺术成为社会风尚。

中国古典园林艺术的代表在江南。江南园林不是种植花树的寻常院落，而是以家园、书斋、市井和自然精心构筑的多重文化生活图景。其中，一重重的似隔又通的空间，在四时的季节变化中，融合着起居饮食、琴棋书画、戏曲演绎和浓缩自然的机能，使得私家园林的主人和他的嘉宾能够以活泼泼的生命情态，在亭台楼阁间宴饮、弈棋、吟咏、书画、演戏、歌舞，在树石花鸟、山光水色间的曲径石凳上或游或观、谱写浪漫，正所谓日涉成趣而乐此不疲。

那是一个人的智慧集大成的时代，世人崇尚个性，看重性灵。由宏大而至精微，在漫长的嬗变之中，中国古典文化个性日益通达、圆融。明代人在赏玩瓷器时有一种“亲玩”的特有文化意味与精神诉求。明代，是一个崇尚“个性”与生活情趣的时代，基于经济昌盛、繁荣的市镇和发达的手工艺制造的基础，明代的社会文化心理、当世之人的人生价值观发生了深刻而宁静的变革。那个时期，文化的交融更多体现为社会各阶层的互动，文人雅士与民间艺人的身份界限被打破，追求世俗生活成为一种潮流。

从明人诗词、小品文和相关书籍可以知悉，茶饮在明代人的雅趣生活中，显然是无所不在的契合事物，几乎所有的生活场景都不可或缺它的参与且要求达到品饮的至精至美之境。如吴中四杰文徵明、唐寅、祝允明、徐祯卿和擅长书画、戏曲的徐渭，多为怀才不遇的饱学之士和艺术大家，对于琴棋书画无所不精，多才多艺又都嗜茶。他们在行茶品茗时更加强调对自然环境的选择和审美氛围的营造，使品茶成为一种契合自然、回归自然的高雅活动。其或在山间清泉之侧抚琴烹茶，泉声、风声、琴声，与壶中汤沸之声融为一体；或在草亭之中相对品茗；或独对青山苍峦，目送江水滔滔。这样的一种情形，正如“茶”字是人在草木间，茶饮一旦置身于大自然之中，就已不仅仅是一种物质产品，而成了人们契合自然、回归自然的媒介，由此开创出可称为“文士茶”的新格调、新局面。这在他们的传世佳作中都有很好的体现。正缘于此，明代的茶学专著有五十余部之多，在中国古代茶书中占到一半以上的数量，其中不乏传世佳作，几乎在茶学的所有方面都达到极致的地步。

朱权撰《茶谱》，陈继儒撰《茶董补》，对于清饮有独到见解；田艺蘅在前人的基础上撰《煮泉小品》；陆树声与终南山僧人明亮同试天池茶，撰《茶寮记》，反映高士情趣；张源以长期品饮的心得体会撰《茶录》，自不同凡响；许次纾撰《茶疏》，独精于茶理。

有学者将明代人茶的冲泡手法，从人文感怀的角度形容为“文化时钟的第二样式”，不失为独到而细腻入微的解析：

一盏茶的冲泡和品尝，是一种新的计量单位。明代士人的内在时钟，缓慢地行走在瓷器和肠胃之间，仿佛是一架利用流体原理的水钟。你甚至可以安静到听见水在体内流动的声息。茶桌的流畅弧线、纤细的靠椅、柔软的丝质靠垫、被微风卷起的窗帷、假山四周的垂柳，以及池塘里嬉戏的鸳鸯，如此等等，所有这些宁静的事物都跟茶盏结盟，汇入了延宕时间的细流。

一、朱权《茶谱》

朱权（1378－1448 年），晚号臞仙，明太祖朱元璋之第十七子。世称其“神姿秀朗，慧心敏语，因招其兄明成祖朱棣猜疑，长期隐居南方，深自韬晦，托志释老，以茶明志，鼓琴读书，不问世事”。

在《茶谱》中他表示饮茶并非浅尝于茶本身，而是将其作为一种表达志向和修身养性的方式:“予尝举白眼而看青天,汲清泉而烹活火。自谓与天语以扩心志之大,符水火以副内炼之功。得非游心于茶灶,又将有裨于修养之道矣”。

对于茶侣和品茗环境,则要求:“凡鸾俦鹤侣,骚人羽客,皆能往尽尘境,栖神物外,不伍于世流,不污于时俗,或汇于泉石之间,或处于松竹之下,或对皓月清风,或坐明窗净牖,乃与客清谈款话,探虚玄而参造化,清心神而出尘表”。

对于“废团改散”后的品饮方法,朱权进行了探索。他改革了传统的品饮方法和茶具,主张从简行事,主张保持茶叶的本色,顺其自然之性,以具有时代特色、个人特点的方式享受饮茶的乐趣。

全书约2000字,除绪论外,共分十六则,即品茶、收茶、点茶、熏香茶法、茶炉、茶灶、茶磨、茶碾、茶罗、茶架、茶匙、茶筅、茶瓯、茶瓶、煎汤法、品水。其绪论中言:“盖羽多尚奇古,制之为末,以膏为饼。至仁宗时,而立龙团、凤团、月团之名,杂以诸香,饰以金彩;不无夺其真味。然天地生物,各遂其性,莫若叶茶烹而啜之,以遂其自然之性也。予故取烹茶之法、末茶之具,崇新改易,自成一家”。标意甚明,书中所述也多有独创。

二、陆树声《茶寮记》

陆树声(1509-1605年),字与吉,别号平泉,松江华亭人。其高足盈门,明代著名的兵部尚书袁可立、礼部尚书董其昌的得意门生。

其书前有引言一篇,其后七则,名曰“煎茶七类”。《四库全书总目提要》载:“此编即其家居之时与终南僧明亮同试天池茶而作,分人品、品泉、烹点、尝茶、茶候、茶侣、茶勋七则。均寥寥数言,姑以寄意而已,不足以资考核也”。

《茶寮记》主张,行茶要有好的环境和时机,即“凉台静室、明窗曲几、僧寮道院、松风竹月,晏坐行吟、清潭把卷”,要有好的烹点方法和主人与客人好的心境。其引言叙道:

园居敞小寮于啸轩埤垣之西,中设茶灶,凡瓢汲罂注濯拂之具咸庀。择一人稍通茗事者主之,一人佐炊汲。客至则茶烟隐隐起竹外。其禅客过从予者,每与余相对,结跏趺坐,啜茗汁,举无生话。终南僧明亮者,近从天池来。饷余天池苦茶,授余烹点法甚细。余尝受其法于阳羡士人,大率先火候,其次候汤,所谓蟹眼鱼目,参沸沫沉浮以验生熟者,法皆同。而僧所烹点绝味清,乳面不黟,是具人清净味中三昧者。要之,此一味非眠云跛石人未易领略。余方远俗,雅意禅栖,安知不因是,遂悟人赵州耶。时杪秋既望,适园无诤居士与五台僧演镇、终南僧明亮,同试天池茶于茶寮中谩记。

三、张源《茶录》

张源,字伯渊,号樵海山人,包山(即洞庭西山,在今江苏震泽县)人。张源“隐于山谷间，无所事事，日习诵诸子百家言，每博览之暇，汲泉煮茗，以自愉快，无间寒暑，历三十年，疲精殚思，不究茶之指归不已。故所著茶录得茶中三昧”（顾大典《茶录·序》），也就是从事茶文化研究达30个春秋，以自身心得著成该书。

《茶录》撰成于明正德四年（1509 年）年前，全书共约 1 500 字，共分 23 则，即采茶、造茶、辨茶、藏茶、火候、汤辨、汤用老嫩、泡法、投茶、饮茶、香、色、味、点染失真、茶变不可用、品泉、井水不宜茶、贮水、茶具、茶盏、拭盏布、分茶盒、茶道。其内容简明扼要，多有切实体会之论，并非泛泛因袭古人旧论陈词。

对于煮水候汤的状态，张源推介的判断方法是：

汤有三大辨、十五小辨。一曰形辨，二曰声辨，三曰气辨，形为内辨，声为外辨，气为捷辨。如虾眼、蟹眼、鱼眼、连珠皆为萌汤，直至涌沸如腾波鼓浪，水气全消，方是纯熟。如气浮一缕、二缕、三缕、四缕，缕乱不分，氤氲乱绕，皆为萌汤。至气直冲贯，方是纯熟。意思是：煎水（烧开水）分为三项大辨，十五项小辨。一是对（水面沸泡）形状的辨别，二是对（水沸时）声音的辨别，三是水气的辨别。例如，虾眼、蟹眼、鱼眼、连珠（按水沸腾时气泡的从小到大，分为这几个档次）都是萌汤（萌汤：刚烧开时的水），直到水沸腾时翻腾的波浪，水汽都没有了，才是煎水完成。如果水汽一缕、二缕、三缕、四缕，杂乱交织，氤氲缠绕，都还是萌汤。要直到水气直往上冲，那才是煎水完成、可以用来泡茶了。

四、许次纾《茶疏》

许次纾（1549－1604 年），字然明，号南华，钱塘人。厉鹗《东城杂记》载：“许次纾……方伯茗山公之幼子，跛而能文，好蓄奇石，好品泉，又好客，性不善饮……所著诗文甚富，有《小品室》、《荡栉斋》二集，今失传。予曾得其所著《茶疏》一卷……深得茗柯至理与陆羽《茶经》相表里。”许次纾嗜茶之品鉴，并得吴兴姚绍宪指授，故深得茶理。

该书撰于万历二十五年（1597 年），前有姚绍宪、许世奇二序，后有许次纾自跋。全书约 4 700 字，分为 36 则（《四库提要》作 39 则，《郑堂读书记》作 30 则）。涉及范围较广，包括品第茶产，炒制收藏方法，烹茶用器、用水用火及饮茶宜忌等，提供了不少重要的茶史资料。其中对长兴茶之产制，记载尤其详尽。并且记载：“杭俗喜于盂中撮点，故贵极细，理烦散郁，未可遽非”，似是针对陈思贞《茶考》所发，却实际反映了“撮泡”新法已渐为人们接受的事实。

所谓“疏”，就是按条目一则则叙述的意思，与词典相似。

《茶疏》36 则，按顺序为产茶、古今制法、采摘、炒茶、岕中制法、收藏、置顿、取用、包裹、日用顿置、择水、贮水、舀水、煮水器、火候、烹点、秤量、汤候、瓯注、荡涤、饮啜、论客、茶所、洗茶、童子、饮时、宜啜、不宜用、不宜近、良友、出游、权宜、虎林水、宜节、辨化、考本。

其中,“岕中制法”是当时已显得有些特别的蒸青绿茶制作方法,“收藏”方法至今仍不失实用,“置顿”则说明茶性与保管禁忌的对应:

岕中制法

岕之茶不炒,甑中蒸熟,然后烘焙。缘其摘迟,枝叶微老,炒亦不能使软,徒枯碎耳。亦有一种极细炒岕,乃采之他山炒焙,以欺好奇者。彼中甚爱惜茶,决不忍乘嫩摘采,以伤树本。余意他山所说,亦稍迟采之,待其长大,如岕中之法蒸之,似无不可。但未试尝,不敢漫作。

收藏

收藏宜用瓷瓮,大容一二十斤,四围厚箬,中则贮茶,须极燥极新。专供此事,久乃愈佳,不必岁易。茶须筑实,仍用厚箬填紧瓮口,再加以箬。以真皮纸包之,以苎麻紧扎,压以大新砖,勿令微风得入,可以接新。

置顿

茶恶湿而喜燥,畏寒而喜温,忌蒸郁而喜清凉,置顿之所,须在时时坐卧之处。逼近人气,则常温不寒。必在板房,不宜土室。板房则燥,土室则蒸。又要透风,勿置幽隐。幽隐之处,尤易蒸湿,兼恐有失点检。其阁度之方,宜砖底数层,四围砖砌。形若火炉,愈大愈善,勿近土墙。顿瓮其上,随时取灶下火灰,候冷,簇于瓮傍。半尺以外,仍随时取灰火簇之,令裹灰常燥,一以避风,一以避湿。却忌火气入瓮,则能黄茶。世人多用竹器贮茶,虽复多用箬护,然箬性峭劲,不甚伏贴,最难紧实,能无渗罅!风湿易侵,多故无益也。且不堪地炉中顿,万万不可。人有以竹器盛茶,置被笼中,用火即黄,除火即润。忌之忌之!

五、罗廪《茶解》

罗廪,字高君,明代万历时人,书法家;该书撰于约1605年前。他在年幼的时候就喜欢茶,年长后感到茶的名品不容易获得,即便能够获得也不是经常会有,就亲身周游当时的产茶之地,了解那些地方的采制方法。经过深入考察和相互比对,透彻地把握制茶要领后,就在“中隐山阳”栽培茶树、自己采制而达十年之久。龙膺君在《茶解跋》中云,其采撷茶芽数升,“旋沃山庄铛,炊松茅活火,且炒且揉,得数合”,“命童子汲溪流烹之,洗盏细啜,色白而香”,由此可见,对茶理的精通和制茶技艺的精湛。

在该书的“总论”一节,他叙述了从爱茶到制茶而且制的好茶的行为历程,也略带些得意与满足感:

茶通仙灵,久服能令升举。然蕴有妙理,非深知笃好不能得其当。盖知深斯鉴别精,笃好斯修制力。余自儿时,性喜茶,顾名品不易得,得亦不常有。乃周游产茶之地，采其法制，参互考订，深有所会。遂于中隐山阳，栽植培灌，兹且十年。春夏之交，手为摘制。聊足供斋头烹啜，论其品格，当雁行虎丘。因思制度有古人意虑所不到，而今始精备者，如席地团扇，以册易卷，以墨易漆之类，未易枚举。

图2-8-1 文徵明茶具十咏图轴

六、文徵明诗画写茶

文徵明(1470-1559年)，字徵明。江苏苏州人，擅长山水、人物、花鸟画，与沈周、唐寅、仇英，合称“吴门四家”。作茶诗150首，在明代居首。

《茶具十咏图》的上半幅，以五言诗题咏与茶相关的事物，分别是茶坞、茶人、茶笋、茶、茶舍、茶灶、茶焙、茶鼎、茶瓯、煮茶，完全相同于唐代皮日休《茶中杂咏》的十项内容而文字不同。

对于绘写此图的缘由，文徵明写道：“余方抱疴。偃息一室。弗能往与好事者同为品试之会。佳友念我。走惠三二种。乃汲泉以火烹啜之。辍自第其高下。以适其幽闲之趣。偶忆唐贤皮陆故事。茶具十咏。因追次焉。非敢窃附于二贤后。聊以寄一时之兴耳。漫为小图。并录其上。”

图中所绘，是空山寂寂，丘壑丛林，翠色拂人，晴岚湿润。草堂之上，隐士独坐凝览，神态安然。右边侧屋，一童子静心候火煮茶。

第九节　清代之文饰讲究

茶馆，古称茶肆、茶坊、茶楼。萌发于唐代，发展于宋代。《清明上河图》中对此有所描绘，明清茶楼发展得更为典型，尤以清代茶馆最为鼎盛，遍布城乡，数不胜数，并且逐渐发展出来各具当地地方特色的茶饮习惯和文娱活动的茶馆文化形态，茶饮得到大力推广，茶馆大兴而成为重要的社会文化活动场所。茶饮已融入日常生活和民俗民风的方方面面。茶文化由茶宴、茶会、茶道向茶馆的发展，反映了茶事活动由贵族化、文人化走向大众化，深入到千家万户，与人们的日常作息紧密结合，成为一种全民性的事物，并且影响到社会生活的形态和生活方式，足见人们对饮茶的喜爱。

“工夫茶饮”是适应茶叶撮泡的需要、经过文人雅士的加工提炼而成的品茶技艺。在大约明代时其形成于浙江一带的都市，扩展到闽、粤等地；在清代转移到以闽南、潮汕一带为中心，至今“潮汕工夫茶”名称仍享有盛誉，是现在茶(艺)馆的主要泡茶方式之一。

清初文人袁枚在《随园食单·茶酒单·武夷茶》中认为，工夫茶讲究茶具的艺术美，冲泡过程的程式美、品茶时的意境美，此外还追求环境美、音乐美。

对外，茶叶以贸易形式迅速走向世界，一度垄断世界茶叶市场，国人的饮茶礼仪也逐渐传到西方。

清代前期，早在鸦片战争前，中国茶就风靡世界。鸦片战争后，中国茶叶出口继续上升，1886 年出口达 268 万担，创世界最高纪录。中国茶以大宗贸易的形式迅速走向世界，曾一度垄断了整个世界市场。但此景并未长期延续，不久中国茶的出口量即盘旋下降，海外市场逐渐被印度、斯里兰卡、印度尼西亚以及日本等地的茶所取代。

“哥德堡号”是大航海时代瑞典东印度公司著名的远洋商船，曾三次远航至中国广州。

1945 年 1 月 11 日，“哥德堡 1 号”从广州启程回国，船上装载着大约 700 吨的中国商品，包括茶叶、瓷器、丝绸和藤器等，其中茶叶 2677 箱，重 366 吨。经过 8 个月的航行，在离哥德堡港大约 900 米的海面，突然触礁沉没。此船 1984 年被瑞典人发现沉睡海底，并于 1986 年对它进行海底考古，打捞出大量的瓷器和茶叶。

茶和茶器的向外输出，是生活资料的交流，也是精神文化的交流。

一、皇家茶事与三清茶

清代是我国历史上最后一个封建王朝，而康熙、雍正、乾隆所处时期又被称为“康乾盛世”，国力强盛而工艺技术发达。而茶叶在养生功能方面的发展缘于皇家富贵的需求得到鼓励，呈现丰富的面貌。

康熙和乾隆两帝对江南文化风物兴趣浓厚，在各自六下江南的过程中，留下了一些有关茶的传说和诗文。尤其是乾隆时期(1736－1795 年)，弘历多有诗作歌咏茶事，堪为历代皇帝之最；而以银斗称水评泉，也可见其择水的讲究和细致。

清代宫廷饮茶之风极盛。乾隆退位后依然爱茶、赞茶，在北海镜清斋专设“焙茶坞”，每日品饮不辍。他曾经六下江南巡视，其中就有四次驾临杭州龙井，微服私访，深入茶园和作坊，亲自观看采茶、造茶，才体会到茶农的艰辛，且很受感动，作诗抒怀，用“防微犹恐开奇巧，采茶竭览民艰晓……敝衣粝食曾不敷，龙团凤饼真无味”这样的诗句来表达感想。史料表明，乾隆帝弘历是古代社会第一个亲临茶园考察的皇帝。

清代时茶在宫廷中地位高贵，是祭天祀祖的灵芽，是欢宴群臣、布恩赐茶的珍品，也是喜庆丧礼的必需品，下面分别讲述。

1. 祭天祀祖

以茶祭天祀祖，始于南北朝。南齐世祖皇帝灵座上，告诫后辈勿以牲为祭，只设茶果而已，既体现了茶性的高洁，又体现了俭朴的品德。古代茶风，源远流长。

据《清史稿·礼志》载："分遣官祭告天地、宗社，帝衰服诣几筵，行三跪九叩礼，祗告受命。御侧殿易礼服，诣太皇太后、皇太后两宫，各行三跪九叩礼。遂乘舆出乾清门，御中和殿，内大臣等执事官行礼。复御太和殿，王公百官上表行礼如仪。不宣读，不作乐，不设宴。王公入，赐茶毕，还宫。反丧服，就苫次，颁诏。"

《大清会典》是乾隆二十九年钦命编撰的，是清代官制文书之一，据载："大燕之日，恭遇元旦、万寿圣节及大庆典，前期部疏请，得旨，由领侍卫内大臣奏命进酒，大臣尚茶庀茶，尚膳，内官领庀御馔。"

2. 宴饮群臣

以茶宴饮群臣，是历代宫廷惯例，几成"定制"。宫廷茶宴颇可体现宫廷之中对高雅、祥和、仁爱、循礼、清廉的崇尚之意。

清代每年正月，为迎贺新年，皇帝照例要举行大规模茶宴。乾隆帝嗜茶善诗，自称"朕实一书生"。朝廷为庆贺他75岁寿辰，遵旨召集大臣文豪诗家及外国使节"三千人，张灯结彩，齐聚一堂，品茗赋诗，献寿铭恩"，称为"千叟诗宴"——"极千古咏歌之盛，得诗三千四百二十九首"，可谓是群英毕至、众诗荟萃。其规模之大，诗家之多，盛况之空前，旷古未见！而且这种诗宴既为宫廷雅聚增辉，也显示出茶宴的特色和魅力。

3. 布恩赐茶

清朝入关初期，竭力维护满族贵族特权，排斥汉族，"各衙门奏事，但有满臣，未见汉臣"。为实现真正的长治久安、社会和谐，在政权基本稳定之后着力纠偏，宣扬"满、蒙一家"，"内外一体"，采取了对满、汉大臣一视同仁的方针和政策。其目的是为了消除隔阂，增强各族之间的精诚团结，共同治理国家。

年少即位、志高英武的康熙，在他亲政后的第十七年(1678年)下诏："凡汉族大臣家有丧事，也按满族大臣例，颁赐茶酒，以表哀悼。"这样的举动在《康熙起居注》有详细记载，而"起居注"是古代由皇帝身边的大臣专门记录帝王言行的册籍，故真实可靠。《康熙起居注》中"十七年十二月"条记载：

初八日甲戌，巳时，上诣太皇太后、皇太后问安。是日谕大学士索额图、明珠曰：满大臣有丧，特遣大臣往赐茶、酒。满、汉大臣俱系一样，汉大臣有丧，亦应遣大臣往赐茶、酒。自今以后，凡遇汉大臣丧事，命内阁翰林院满洲大臣携茶、酒赐之。本月初十日，着大学士明珠，携茶、酒赐兵部尚书王熙。翰林院掌院学士喇沙里、内阁学士屯泰，携茶、酒赐翰林院掌院学士陈廷敬。

《大清会典》则记载了君臣品茗之礼：

大燕之礼……清乐奏海宇升平日之章，尚茶正率尚茶，侍卫、执事等举茶案，以次由中道进至檐下进茶。大臣奉茶入殿中门，群臣咸就本位跪。进茶大臣由中陛升至御前跪，进茶退立于两旁，皇帝饮茶，群臣均行一叩礼，进茶大臣跪受茶碗，由右陛降出中门，群臣成坐。侍卫分赐王公大臣茶，内府护军、执事等分赐幕下大臣官员茶，尚茶正等撤茶案，乐止。

4. 乾隆与龙井

著名的西湖龙井，有许多逸闻趣事跟乾隆皇帝爱新觉罗·弘历(1711－1799年)有关。乾隆六次南巡，四临西湖茶区，并作有多首龙井茶诗。

乾隆十六年(1751 年)，他第一次下江南时驾临杭州，到天竺观看茶叶的采制并作《观采茶作歌》。诗中一开始就表明他对采茶时机的了解，之后对炒茶“火功”则作了详细的描述，而“王肃酪奴”和“陆羽茶经”这些词语的出现说明对茶的历史文化并非一知半解：

火前嫩，火后老，惟有骑火品最好。
西湖龙井旧擅名，适来试一观其道。
村男接踵下层椒，倾筐雀舌还鹰爪。
地炉文火续续添，干釜柔风旋旋炒。
慢炒细焙有次第，辛苦工夫殊不少。
王肃酪奴惜不知，陆羽茶经太精讨。
我虽贡茗未求佳，防微犹恐开奇巧。
防微犹恐开奇巧，采茶竭览民艰晓。

乾隆二十二年(1757 年)，弘历再临杭州到了云栖，再作《观采茶作歌》诗一首，透露出想实际了解民情的愿望和对茶农的艰辛的较多关注：

前日采茶我不喜，率缘供览官经理。
今日采茶我爱观，关民生计勤自然。
云栖取近跋山路，都非吏备清跸处。
无事回避出采茶，相将男妇实劳劬。
嫩荚新芽细拨挑，趁忙谷雨临明朝。
雨前价贵雨后贱，民艰触目陈鸣镳。
由来贵诚不贵伪，嗟我老幼赴时意。
敝衣粝食曾不敷，龙团凤饼真无味。

五年以后，乾隆第三次南巡，在龙井品尝了龙井泉水烹煎的龙井茶后，赋诗名为《坐龙井上烹茶偶成》，较多为品茶时对茶品的称赞和些许的自我调侃。诗曰：

龙井新茶龙井泉，一家风味称烹煎。

寸芽出自烂石上，时节焙成谷雨前。

何必凤团夸御茗，聊因雀舌润心莲。

呼之欲出辨才在，笑我依然文字禅。

再隔三年，他到龙井品香茗，留下的诗作名为《再游龙井》，颇有些旧地重游、前物再睹的感慨。诗中写道：

清跸重听龙井泉，明将归辔户华旃；

问山得路宜晴后，汲水煎茶正雨前。

入目景光真迅尔，向人花木似依然；

斯真挂矣予无梦，天姥那希李谪仙。

另外，相传乾隆在品饮龙井狮子峰胡公庙前的龙井茶后，对其香醇的滋味赞不绝口，因此封庙前十八棵茶树为“御茶”，这一遗地至今尚存，已作为一个著名的旅游景点。

5. 三清茶

乾隆皇帝在重华宫举办三清茶宴，广邀群臣，有以茶警示为官须清廉的含义。三清茶，是“以雪水烹茶，沃梅花、佛手、松实啜之”，对于这款调饮茶本身，他也是推崇有加的，所作茶诗在不同材质的茶器上都有刻印：

梅花色不妖，佛手香且洁。

松实味芳腴，三品殊清绝。

烹以折脚铛，沃之承筐雪。

火候辨鱼蟹，鼎烟迭生灭。

越瓯泼仙乳，毡庐适禅悦。

五蕴净太半，可悟不可说。

馥馥兜罗递，活活云浆澈。

偓佺遗可餐，林逋赏时别。

懒举赵州案，颇笑玉川谲。

寒宵听行漏，古月看悬玦。

软饱趁几馀，敲吟兴无竭。

二、张岱《闵老子茶》

张岱(1597 – 1679 年)，字宗子，石公，号陶庵，山阴(今浙江绍兴)人，侨居杭州。他是明末清初的文学家、史学家，以散文见长；同时，还是一位精于品茶鉴泉的大家。在他的著作如《陶庵梦记》、《西湖梦寻》中，记述了不少生动的茶事。《闵老子茶》即为其中之一。其文为：

周墨农向余道闵汶水茶，不置口。

戊寅九月，至留都，抵岸，即访闵汶水于桃叶渡。日晡，汶水他出，迟其归，乃婆娑一老。

方叙话，遽起曰："杖忘某所。"又去。余曰："今日岂可空去？"迟之又久，汶水返，更定矣。睨余曰："客尚在耶！客在奚为者？"余曰："慕汶老久，今日不畅饮汶老茶，决不去！"汶水喜，自起当垆。

茶旋煮，速如风雨。导至一室，明窗净几，荆溪壶、成宣窑磁瓯十余种，皆精绝。灯下视茶色，与磁瓯无别，而香气逼人，余叫绝。

余问汶水曰："此茶何产？"汶水曰："阆苑茶也。"余再啜之，曰"莫绐余。是阆苑制法，而味不似。"汶水匿笑曰："客知是何产？"余再啜之，曰："何其似罗岕甚也？"汶水吐舌曰："奇！奇！"余问："水何水？"曰："惠泉。"余曰："莫绐余！惠泉走千里，水劳而圭角不动，何也？"汶水曰："不复敢隐。其取惠水，必淘井，静夜候新泉至，旋汲之。山石磊磊，藉瓮底，舟非风则勿行。故水之生磊，即寻常惠水犹逊一头地，况他水耶？"又吐舌曰："奇！奇！"言未毕，汶水去。

少顷，持一壶，满斟余曰："客啜此。"余曰："香扑烈，味甚浑厚，此春茶耶？向瀹者的是秋采。"汶水大笑曰："予年七十，精赏鉴者，无客比！"遂定交。

三、李渔《闲情偶寄》

李渔(1611－1680年)，原名仙侣，号天征，后改名渔，字笠翁，一字笠鸿、谪凡。在《闲情偶寄》中，记述了不少品茶经验。其卷四《居室部·茶具》一节，专讲茶具的选择和茶的贮藏。他认为泡茶器具中阳羡砂壶最妙，但对当时人们过于宝爱紫砂壶而使之脱离了茶饮，则大不以为然。他认为："置物但取其适用，何必幽渺其说"。

他对茶壶的形制与实用的关系，作过仔细的研究："凡制茗壶，其嘴务直，购者亦然，一曲便可忧，再曲则称弃物矣。盖贮茶之物与贮酒不同，酒无渣滓，一斟即出，其嘴之曲直可以不论。茶则有体之物也，星星之叶，入水即成大片，斟泻之时，纤毫入嘴，则塞而不流。啜茗快事，斟之不出，大觉闷人。直则保无是患矣，即有时闭塞，亦可疏通，不似武夷九曲之难力导也"。

李渔论茶饮，讲求艺术与实用的统一；其记载和论述，至今仍有启迪的意义。

四、郑燮竹枝茶词

郑燮(1693－1765年)，字克柔，号板桥，江苏兴化人，清代著名书画家、文学家，为清代画坛名家"扬州八怪"之一。他对民情风俗有着浓厚的兴趣，在诗文书画中，总是不时地表现着清新的内容和别致的格调。

茶，是郑板桥生活的伴侣、创作的题材，如"茅屋一间，新篁数竿，雪白纸窗，微浸绿色，此时独坐其中，一盏雨前茶，一方端砚石，一张宣州纸，几笔折枝花。朋友来至，风声竹响，愈喧愈静”，常常是“墨兰数枝宣德纸，苦茗一杯成化窑”。

板桥善对联，多有名句与茶有关：“楚尾吴兴，一片青山入座；淮南江北，半潭秋水烹茶”，“从来名士能评水，自古高僧爱斗茶”，“白菜青盐蚬子饭，瓦壶天水菊花茶”。

在他的诗书中，多有文人的朴素雅趣：“不风不雨正清和，翠竹亭亭好节柯。最爱晚凉佳客至，一壶新茗泡松萝”。

五、袁枚《随园》

袁枚(1716－1797 年)，字子才，号简斋，晚号随园老人，钱塘(今浙江杭州)人。乾隆四年(1739 年)年进士，入翰林散馆，只因满文不佳，出为县令。

袁枚 33 岁便辞官，卜居南京小仓山，所购买、修葺的随园始于曹寅在江南园林中占有一席之地，在外师造化、内得心源的环境中过了 50 多年的清狂生活。他活跃清代诗坛 60 余年，存诗 4000 余首，是乾嘉时期的具有代表意义的诗人和诗词评论家。同时，袁枚还是一位有丰富经验的烹饪学家，他的《随园食单》一书，是中国清代一部系统论述烹饪技术和南北菜点的重要著作。其中的“茶酒单”一章，集中记录了他对各种名茶的品鉴感受。

他对家乡的龙井茶情有独钟，每次品到其他茶，都爱拿来与龙井作比较，如他对阳羡茶的评价是“茶深碧色，形如雀舌，又如巨米，味较龙井略浓”；对洞庭君山茶则表述为“色味与龙井相同，叶微宽而绿过之，采掇最少”。在 70 岁时，袁枚游武夷山，对那里的茶产生了特别的兴趣，作出这样的评判：“故武夷享天下盛名，真乃不忝，且可以瀹至三次，而其味犹未尽”！

袁枚善于品茶，更善于烹茶，他认为有了好茶，还要有好水，有了好水，更要善于掌握火候。在不断的实践中，他摸索出烹水泡茶的方法，是煮水用武火，用穿心罐一滚便泡，滚久则水味将变，而停滚再泡则茶叶上浮。应一泡便饮，如加上杯盖则茶味又会变化。

当时，他有一个朋友，在喝了袁枚的茶后，逢人便称：我只有在随园，才吃到一杯好茶！

六、满纸茶香红楼梦

曹雪芹(1715－1763 年)，原名霑，字梦阮，雪芹是其号。其祖籍辽阳，先世原为汉族，后来成为满洲正白旗包衣人。他是文学巨著《红楼梦》的作者。

曹雪芹见多识广，才华横溢，是琴、棋、书、画、诗词皆佳的小说家，对茶的精通，也是一般作家所不及的。他在百科全书式的《红楼梦》中，对茶的各方面都有相当精彩的论述。书中提到茶的类别，有家常茶、敬客茶、伴果茶、品尝茶、药用茶等；出现的名茶，有杭州西湖的龙井茶，云南的普洱茶及其珍品女儿茶，福建的“凤髓”，湖南的君山银针，还有暹罗（泰国的旧称）进贡来的茶等。

曹雪芹的生活，经历了富贵荣华和贫困潦倒，因而有丰富的社会阅历，对茶的习俗如寺庙中的奠晚茶、吃年茶、迎客茶等也非常了解。《红楼梦》第41回“栊翠庵茶品梅花雪”，详细地描述了妙玉因人而异地选茶、选水、选茶具、选雅室等品茶的特定要求。

曹雪芹善于把自己的诗情与茶意相融合，书中妙句不少，如写夏夜的：“倦乡佳人幽梦长，金笼鹦鹉唤茶汤”；写秋夜的“静夜不眠因酒渴，沉烟重拨索烹茶”；写冬夜的“却喜侍儿知试茗，扫将新雪及时烹”等。

茶在曹雪芹《红楼梦》中的表现，处处显示出人情味的浓重，哪怕在人生诀别的时刻，茶还是那么的让人魂牵，其中包含的正是对生命的留恋和渴望。

晴雯即将在去世之日，向宝玉索茶喝：“阿弥陀佛，你来得好，且把那茶倒半碗我喝，渴了这半日，叫半个人也叫不着”，宝玉将茶递给晴雯，只见晴雯如得了甘露一般，一气都灌了下去。

当八十三岁的贾母即将寿终正寝时，睁着眼要茶喝，而坚决不喝人参汤，当喝了茶后，竟坐了起来！

茶，在生命弥留的时刻，对临终之人已然是个无可替代的宽慰，由此或许表达的正是作者本人在平凡的日常生活积淀起来的对茶的知味入心。

第三章 茶饮艺术

第一节 科学泡茶

喝茶人人都会,但每个人的喝茶体验却千差万别,其中原因之一就是泡茶的功夫有深浅。冲泡不得法,再好的茶叶都无法绽放它的真味;冲泡得当,普通的茶也有可能给你带来惊喜。如何泡好一壶茶,除了要了解你手中茶叶的品质特征外,还要讲究科学冲泡,即选择优质的泡茶用水、掌握好投茶量、泡茶的水温以及浸泡时间等。

一、泡茶用水

都说好茶配好水,才能相得益彰。古人甚至认为水比茶叶更重要,如明代人许次纾在《茶疏》中说道:"精茗蕴香,借水而发,无水不可论茶也。"又如清代人张大复在《梅花草堂笔谈》中写道:"茶性必发于水,八分之茶,遇十分之水,茶亦十分矣;八分之水,试十分之茶,茶只八分耳。"古人对于水质的了解也是达到了极致。如不可一日无茶的乾隆皇帝认为水以轻为贵;王安石、曹雪芹等名家辨水的故事也不绝于耳。

为什么水质的好坏会直接影响到茶汤的色、香、味呢?从科学角度出发,可以从以下几方面做出解释:

1. 杂质与含菌量

饮用水中,杂质和细菌含量都是越少越好。杂质可通过高密度滤水设备加以处理;水中不得检出大肠菌群,通常可利用高温加以处理。

2. 矿物质含量

一般来说,天然水分为"软水"和"硬水"两种。古人推崇的山泉水就属于"软水",而乡镇中看到的多数深井水属于"硬水"。软水中所含的钙、镁、氯化物较少,也就是溶质少,这样泡出的茶汤较浓,茶叶的有效成分溶解度高;而硬水中含有较多钙、镁、氯化物,茶叶的有效成分溶解度低,茶汤较淡。而且,软水、硬水的 PH 值也不同,这会影响到茶汤的颜色。总之,同样的茶叶,选用软水来泡,泡出的茶汤汤色明亮、滋味鲜爽;选用硬水来泡,泡出的茶汤汤色发暗、香气沉闷、鲜爽感不明显,所以软水是适合泡茶的水。另外,如果选用矿物质含量完全没有的纯净水泡茶,也是不适合的,因为从口感上来说少了甘甜味,也算不上泡茶的好水。

3. 空气含量

水中空气含量高,泡出的茶汤口感上活性强,茶香易发挥。古人说烧水时要活火快煎,其实就是因为这个道理,水煮久了,空气含量就会减少,不利于泡茶。

4. 消毒剂含量

城市的自来水中常含有类似"氯"的消毒剂,用这种水泡茶,会影响茶汤的味道和香气。饮用前不妨做些处理,如利用活性炭过滤水质或水煮开时接着再煮一分钟左右后再使用。

可见,不是所有的水都适合用来泡茶的。在日常生活中,如今人们接触的比较多的水有:①自来水。自来水中常含有氯气,处理方法上文已介绍过。②矿泉水和纯净水。纯净水中的矿物质含量几乎为零,这样的水也不适合用来泡茶,在市场上挑选矿泉水时,要看看矿物质含量究竟有多少,尽可能选择低矿物含量的矿泉水。③通过净水器处理的净化水。这是比较适合泡茶的,但需要注意的是滤芯要保持定期更换。④天然水。如雨水、江水、湖水、泉水等。古人认为泡茶用水"山水上,江水中,井水下",这里的山水其实就是山泉水,随着时代环境的变迁,这些天然泡茶的好水也面临污染的问题,再说也不是所有的泉水都适合泡茶的,至于江水、湖水等,最重要的还是看环境、水源等因素。

二、茶水比例

茶叶冲泡时,茶与水的比例不同,茶汤的香气和滋味自然有差异。茶水比例要考虑到茶叶本身的品质等级,同时还要考虑到饮茶者的喝茶习惯。

一般来说,冲泡绿茶、红茶、花茶时,茶水比例可掌握在 1∶50 左右,即 2 ~ 3 克的茶叶,用 100 ~ 150 毫升的水冲泡。而品饮乌龙茶时,注重香气,且习惯用若琛瓯细品慢尝,茶水比例可大些,以 1∶18 ~ 1∶20 为宜。如用壶泡法,投茶量可占壶容量的 1/2 ~ 2/3 左右。冲泡普洱茶时,茶水比一般在 1∶50 左右。

以上介绍的只是一个比较科学的茶水比例,而实际泡茶时,还要根据饮茶者的实际情况而定,如果是一位老茶客,茶水比例可适当大一些;如果是初次饮茶者,茶水比则要小些。此外,饮茶时间的不同,对茶汤浓度的要求也有区别,饭后饮茶宜浓(当然需 1 小时之后),茶水比例可大些;睡前饮茶宜淡,茶水比例应小些。

三、水温

泡茶时水温的不同也会影响茶汤的色、香、味,而且茶叶中内含物质浸出的量也不同。对于有些茶叶来说,水温过高,茶汤的颜色不明亮,滋味也不鲜爽,茶叶中很多有益成分遭到破坏;水温过低,不能使茶叶中的有效成分充分浸出,茶汤颜色偏淡,滋味也不醇厚。因此泡茶时水温的控制也很重要。

泡茶时,水温的高低,既要考虑茶叶的种类,也要考虑茶叶的品质等级。

一般来说,六大茶类中,绿茶的泡茶水温较低,一般控制在 80 ~ 85℃,因为制作绿茶的鲜叶比较细嫩,用过高的水温冲泡,容易使茶汤色泽偏黄,失去绿茶绿叶、绿汤的特色。如果茶叶的品质越好,等级越高,芽叶越细嫩、重实,水温则越低越好,有时为使茶汤更清澈明亮、香气更清扬、滋味更鲜爽,泡茶时的水温都不到 80℃,如特级苏州洞庭碧螺春。

而对于用较粗老鲜叶制作而成的茶叶宜用 100℃ 沸水冲泡,如乌龙茶,黑茶类,特别是有些砖茶,甚至需经煎煮才能得到真滋味。

另外,还有几个因素也影响着水温:

1. 是否温壶

茶冲泡前是否将主泡器用热水烫过,这也直接影响正式冲泡茶时水的温度。据说有人做过这样的实验:100℃ 的沸水倒入未经温热过的冷杯中,水温会立即降到 82℃,可见温壶与否,对于泡茶水温的影响非常明显。

2. 是否温润泡

温润泡是指第一次注水泡茶后,立即将水倒掉,然后再次注水冲泡,此次冲泡为正式泡,由于实施过温润泡,正式冲泡时茶叶的内含物质浸出速度加快,所以这一道茶汤,浸泡时间不宜过长。相反,如果不实施温润泡,那第一次茶汤的浸泡时间应延长。

3. 茶叶是否冷藏

茶叶冷藏过,如果没有在常温下放置,直接冲泡,冲泡水温应适当提高或浸泡时间适当延长。

四、浸泡时间及次数

茶叶浸泡时间长,茶叶内含物质浸出得多;时间短,内含物质浸出得少。

一般红、绿、花茶按照茶水比 1∶50 来冲泡,经冲泡 3 ~ 4 分钟后方可饮用,此时的口感最佳。茶刚冲泡完就饮用,不但杯中可能会有茶叶漂浮,喝起来不便,且茶汤也较为寡淡,无应有的刺激感;浸泡时间太长,鲜爽感则会减弱,苦涩味增强,茶汤颜色暗沉。如果需要续水,最好选择在杯中剩 1/3 左右茶汤时注入沸水,这样可使前后杯中的茶汤浓度较为接近。通常茶叶冲泡第一次后,茶叶中可溶性物质浸出最多,第二次少一些,第三次更少,第四次已所剩无几了,所以给茶汤续水的话,以两次为宜。

当然,同样是红茶,如果是红碎茶,如袋泡茶之类的,用沸水冲泡3~5分钟后可一次性饮用完,因为红碎茶颗粒细小、重实匀齐,且经过充分揉捏,内含物质极易浸出,茶汤汤色红浓。

冲泡乌龙茶时,一般多用紫砂壶或盖碗,且要泡上好几泡,每一次的浸泡时间不宜过长,具体时间还要视茶叶品质特征、投茶量等情况而定。如用紫砂壶冲泡铁观音,铁观音茶条卷曲、壮结、沉重,温润泡后,正式冲泡的第二泡才完全舒展开来,所以当冲泡第二泡时,浸泡时间要短些,而第三泡以后浸泡时间逐渐延长。

五、泡茶手法

1. 回旋冲泡法

单手提烧水壶,由外向里即右手提壶按逆时针(左手提壶按顺时针方向)旋转,让水流沿茶器内壁注入。

2. 凤凰三点头冲泡法

单手提烧水壶,高冲低斟将水注入茶器内,反复三次,寓意向客人鞠躬,表示欢迎。需要注意的是,高冲低斟时,要保持水流不断,且最后一个动作完成后断水,水量要正好达到所需的量。

3. 回旋高冲低斟法

单手提烧水壶,先用回旋法注水,再将壶拉高将水冲入茶器中,达到所需水量后,及时断水。

第二节　茶艺表演

品茗是一种味觉的享受,更是一门生活艺术。“茶艺”一词最早出现于茶文化复兴的20世纪70年代,为当时我国台湾茶人首先提出并使用,并逐渐为全国各地的茶叶界人士所接受。茶艺可看作是茶道的载体,是指茶的冲泡和品饮的艺术,具有观赏性,是传播和呈现茶文化的一种表现形式。

一、茶艺分类

1. 按茶叶分类

如龙井茶茶艺、花茶茶艺、乌龙茶茶艺、普洱茶茶艺、白茶茶艺等。

2. 按地域分类

如台湾茶艺、潮汕茶艺、安溪茶艺等。

3. 按所用的茶具分类

盖碗茶茶艺、玻璃杯茶艺、工夫茶茶艺(一般用紫砂壶)等。

二、部分茶艺介绍

1. 绿茶茶艺

绿茶属于不发酵茶,是我国产区最广、产量和品种最多的一类茶叶。绿茶中富含茶多酚、维生素C、氨基酸,冲泡后,具有滋味鲜爽,香气清扬、汤色翠绿的特征。

下面以西湖龙井茶玻璃杯泡法为例,介绍绿茶茶艺:

(1)备具

准备好200ml的敞口玻璃杯、茶荷、茶则、茶叶罐、茶巾、水盂、烧水壶。

(2)布具

将准备好的器具按冲泡过程中的需要依次摆放在合适的位置。布具完毕后,向客人行礼示意,准备正式冲泡。

(3)温杯

温杯的目的在于提高杯温,有利于茶叶的冲泡。用回旋法斟水至约杯身1/3处,再用双手轻轻转动杯子,让杯子内壁的每一处都被温热。温杯完毕后,将杯中温水倒入水盂,杯子放回原处。

(4)置茶

用茶则从茶叶罐中取适量茶叶置杯中。

(5)润茶

冲泡龙井,水温不宜过高,可控制在80～90℃之间。用回旋冲泡法斟水至约杯身1/3处,目的在于让茶叶吸水浸润,以便于正式泡时茶叶内含物质的浸出。

(6)赏茶

用茶则取适量茶叶于茶荷中,供客人欣赏干茶的外形、色泽及香气。

(7)冲泡

用“凤凰三点头”冲泡法,将水斟至约杯身七分满。静置片刻。

(8)奉茶

一手握杯身,一手托杯底,在茶巾上稍作擦拭,动作不宜明显,目的在于防止杯底有水。双手将茶送至客人面前,伸掌示意,并说一声“请用茶”。

(9)收具

将用完的茶具都一一收入茶盘内,随后起身行礼,退场。

2. 红茶茶艺

红茶属于全发酵茶类,我国传统的工夫红茶都属于条形茶,条索紧实匀称,色泽乌润、香高味醇,汤色红亮。

下面以祁门红茶壶泡法为例,介绍红茶茶艺:

(1)备具

准备好白瓷壶(也可用紫砂壶),白瓷品茗杯、公道杯,茶荷、茶则、茶叶罐、茶巾、水盂、烧水壶、茶滤、杯托。

(2)布具

将准备好的器具按冲泡过程中的需要依次摆放在合适的位置。布具完毕后,向客人行礼示意,准备正式冲泡。

(3)赏茶

用茶则取适量茶叶于茶荷中,供客人欣赏干茶的外形、色泽及香气。

(4)温壶温杯

将沸水注入白瓷壶、公道杯、品茗杯中,并拿起轻轻转动,待温度均匀后,将水倒入水盂。

(5)置茶

用茶则从茶叶罐中取适量茶叶置壶中。

(6)冲泡

冲泡红茶,水温需要高一些,最好在95~100℃之间。用高冲的手法将沸水注入壶中,盖上壶盖。需等待2~3分钟,此时可给客人赏茶。

(7)分茶

将壶中茶汤倒入公道杯中(此时可用茶滤过滤茶汤),再将公道杯中浓度均匀的茶汤一一分入品茗杯。

(8)奉茶

连同杯托一起,将茶送至客人面前,伸掌示意,说一声"请用茶"。

(9)收具

将用完的茶具都一一收入茶盘内,随后起身行礼,退场。

3. 乌龙茶茶艺

乌龙茶又称青茶,是介于绿茶和红茶之间的一种茶类,属于半发酵茶。其加工工艺中的摇青,使得叶缘发酵变红,形成乌龙茶特有的"绿叶红镶边"。

下面以铁观音盖碗泡法为例,介绍乌龙茶茶艺:

(1)备具

准备好盖碗(也可用紫砂壶),品茗杯、公道杯,茶荷、茶则、茶叶罐、茶巾、水盂、烧水壶、茶滤、杯托。

(2)布具

将准备好的器具按冲泡过程中的需要依次摆放在合适的位置。布具完毕后,向客人行礼示意,准备正式冲泡。

(3)赏茶

用茶则取适量茶叶于茶荷中,供客人欣赏干茶的外形、色泽及香气。

(4)温壶温杯

将沸水注入盖碗、公道杯、品茗杯中,并拿起轻轻转动,待温度均匀后,将水倒至水盂。

(5)置茶

用茶则从茶叶罐中取适量茶叶置盖碗中。

(6)醒茶

冲泡铁观音,水温要达到100℃。用回旋再高冲的手法将沸水注入盖碗,随即盖上盖子,流出出水缝隙,单手拿盖碗,将醒茶水倒入水盂。

(7)冲泡

用回旋法将沸水注入盖碗中,盖上盖子。静候一分钟左右。

(8)分茶

将盖碗中茶汤倒入公道杯(此时可用茶滤过滤茶汤),再将公道杯中浓度均匀的茶汤一一分入品茗杯。

(9)奉茶

连同杯托一起,将茶送至客人面前,伸掌示意,说一声"请用茶"。

(10)收具

将用好的茶具都一一收入茶盘内,随后起身行礼,退场。

4. **黑茶茶艺**

黑茶属于后发酵茶,是很多紧压茶的原料,也是我国特有的茶类。黑茶呈黑褐色,渥堆是决定其品质和风味的关键工序。

下面以普洱茶壶泡法为例,介绍黑茶茶艺:

(1)备具

准备好紫砂壶,品茗杯、公道杯,茶荷、茶则、茶叶罐、茶巾、水盂、烧水壶、茶滤、杯托。

(2)布具

将准备好的器具按冲泡过程中的需要依次摆放在合适的位置。布具完毕后,向客人行礼示意,准备正式冲泡。

(3)赏茶

用茶则取适量茶叶于茶荷中,供客人欣赏干茶的外形、色泽及香气。

(4)温壶温杯

将沸水注入紫砂壶、公道杯、品茗杯中,并拿起轻轻转动,待温度均匀后,将水倒入水盂。

(5)置茶

用茶则从茶叶罐中取适量茶叶置壶中。

(6)醒茶

冲泡普洱茶,水温要达到100℃。用回旋再高冲的手法将沸水注入紫砂壶,随即盖上盖子,将醒茶水倒入水盂。

(7)冲泡

用回旋法将沸水注入紫砂壶中,顺势用壶盖刮去浮沫,冲盖,盖上盖子,壶外淋水追温。静候片刻。

(8)分茶

将紫砂壶中的茶汤倒入公道杯(此时可用茶滤过滤茶汤),再将公道杯中浓度均匀的茶汤一一分入品茗杯。

(9)奉茶

连同杯托一起,将茶送至客人面前,伸掌示意,说一声"请用茶"。

(10)收具

将用完的茶具都一一收入茶盘内,随后起身行礼,退场。

5. 花茶茶艺

花茶,又叫香片,属于再加工茶,是我国特有的茶类。大多数花茶是以烘青绿茶为原料和鲜花混合窨制而成,既有鲜花的馥郁芳香,又有茶叶的甘醇滋味。花茶品种也特别多,有茉莉花茶、玳玳花茶、玫瑰花茶、玉兰花茶等。

下面以茉莉花茶盖碗泡法为例,介绍花茶茶艺:

(1)备具

准备好盖碗、茶荷、茶则、茶叶罐、茶巾、水盂、烧水壶。

(2)布具

将准备好的器具按冲泡过程中的需要依次摆放在合适的位置。布具完毕后,向客人行礼示意,准备正式冲泡。

(3)赏茶

用茶则取适量茶叶于茶荷中,供客人欣赏干茶的外形、色泽及香气。

(4)温杯

用回旋法斟水至约盖碗1/3处,再用双手轻轻转动盖碗,让盖碗内壁的每一处都经温热,再腾出一只手取盖,将碗中水淋在碗盖上顺势倒至水盂。

(5)置茶

用茶则从茶叶罐中取适量茶叶置盖碗中。

(6)润茶

用回旋冲泡法斟水至约盖碗1/3处。

(7)冲泡

用定点高冲法将水冲至碗的敞口下方,盖上碗盖。静置片刻。

(8)奉茶

连同碗托一起,将茶送至客人面前,伸掌示意,说一声“请用茶”。

(9)收具

将用完的茶具都一一收入茶盘内,随后起身行礼,退场。

第三节 礼仪表达

一、仪容仪表

仪容仪表,是指一个人的外观,包括容貌、姿态、服饰、风度等。对于茶事服务工作者来说,端庄的容貌、干净的妆容、得体的衣着,能让人赏心悦目,往往给茶客留下美好的印象,这也是茶事活动的品质保证。

1.妆容

饮茶讲究自然和谐,在茶事活动中,茶事工作者或茶客可以素颜或以淡妆出席。对于女性而言,化妆越来越普遍,不但可以使自己的容貌更靓丽,同时也可视作对他人尊重的一种礼仪表达。不过,茶事活动中,妆容不宜过浓,且尽量保持妆容干净,一方面浓妆艳抹与饮茶的气氛不符,另一方面避免一些化妆品香气太浓,影响到对茶的品尝。

2.头发

茶事活动中,作为茶事服务工作者,头发应不遮住脸部、刘海不宜过长,不宜将头发染成五颜六色,发型也不宜太过前卫、张扬,长发者最好将头发束起。

3.手部

在泡茶时,双手就像是舞台上的焦点,所有的茶客都静静地看着茶人的双手娴熟地摆弄着各种茶器具,如行云流水般。所以,作为茶事服务工作者,要护理好自己的一双手,并且保持双手的洁净,勤剪指甲。还要注意,选择护手霜时,最好选择香味不明显的。在泡茶之前洗手时,要将肥皂或洗手液的味道冲洗干净,以免异味打扰茶香。

4.配饰

在日本的茶道中,无论主人和客人都会在进茶室前将手上的手表手镯之类的饰品取下,以免在茶事中与茶碗等茶具碰撞,将其损坏,因为日本茶道中所用的器具都较为名贵。我们在茶事活动中也应注意这点,如果茶事服务工作者的胸前佩戴的饰物较长,在行茶时就容易勾到茶具,发生碰撞。另外,泡茶时,也不宜佩戴过多或过于夸张的配饰，也要考虑和茶具的统一和谐，所以配饰尽量少佩戴，或不佩戴。

5. 服装

泡茶时，特别是在一些正式的茶会上，着装也非常重要。茶事活动中的着装不宜太过暴露艳丽。茶事服务工作者选择的衣服不但要求颜色款式适合本人，而且穿着起来要舒适，以免行茶过程中动作无法舒展。同时，所选的服装还要和整个茶会风格相符。

二、泡茶礼仪

在大多数茶事活动中，茶事服务工作者都是当着客人的面泡茶的，在众人注视下，其仪态、表情，说的话都像是一种用心的表演。

1. 仪态礼仪

①站姿

在礼仪规范中，无论男士女士的站姿都要求正、直、挺。在茶事活动中，气氛多为轻松愉悦，站姿也可相对放松些，但并非弯腰驼背，整个人都松懈着，而是比标准站姿更为自然一些。

②坐姿

茶事活动中，茶事服务工作者大部分时间都是坐着的。无论男女，入座时要轻稳，动作要协调从容。上半身自然坐直，女茶事服务工作者双腿并拢后可居中摆放，也可两脚同时偏右放置，膝盖自然倒向左边，反之亦然。男茶人双腿可微微分开。尤其要注意的是，在泡茶过程中，也要时刻注意上半身是否随着你手部的动作而偏移。

③行姿

行姿是站姿的延续动作，是最引人注目的体态语言，最能表现一个人的风度，在迎送客人时、在茶事准备时、在奉茶时，行姿优美，也可增添茶事服务工作者的魅力。茶事中的女子步行时以碎步为宜，男子行走时步子可稍大些。

④蹲姿

在茶事活动中，难免有下蹲的时候。作蹲姿时要注意几点：一是避免突然下蹲，给人突兀的感觉；二是作蹲姿时勿离人太近，以免迎头相撞；三是作蹲姿时，应整个身体一起往下，而不是身子弯下去了，臀部向后撅起，这样很不雅观。如果有东西在地上须捡起，应该整个身子都蹲下，再去捡东西。下蹲过程中，女子应双腿并拢，这样既从容，又没有走光的危险。

2. 表情礼仪

茶事活动中，为了营造安静、和谐的氛围，让人静心品茗，在行茶过程中，不宜多语。那么此时你脸上的表情便成了另一种传达友好、尊敬的方式。

①目光

一般在与人交流沟通中，目光落在对方的双眼到嘴部之间的位置是比较合适的，且目光不要闪躲，要自然大方，也不要直盯着客人，这是极不礼貌的。另外，茶人的目光要照顾到每一位客人，这也意味着每一位客人对你来说都同等重要。

②微笑

微笑被称为人类最富魅力的语言。微笑同样传达了你对客人的欢迎，给人以亲切温馨之感。特别是遇到第一次参加茶会、平日又不太喝茶的客人，难免拘谨，你可以通过真诚的微笑使他轻松起来，尽情享受舌尖茶汤的美味。

3. 语言

在茶事活动中，经常需要给客人介绍所泡的茶或聊一聊茶器，那么说话时在保证所有客人都听得清的前提下，应尽量把声音放低，要语音准确、语调柔和、语速适中。千万不要唾沫四溅，因为茶器离得非常近，让人感觉不卫生也不雅观。另外，和客人交流时，记得可以用一些敬语以示尊敬。

三、奉茶礼仪

如果客人围坐在茶桌周围，泡茶最后一步分茶完成后，可通过简单的语言和手势示意客人自取品饮。如果客人离你较远，无法伸手自取品饮，那要求茶人将茶放置于茶盘中，起身离座，稳稳地端给客人。走到客人面前时，手端的茶盘不要离客人过近，以免给客人带来压迫感，但也不宜太远，不方便客人端取；同样地，茶盘也不宜端得过高或过低，茶人不妨微微弯腰，将茶盘端至客人最方便端取的位置，并轻声说："请喝茶"，整个过程显得谦恭有礼。还有一点值得注意的是，如果是从侧面为客人奉茶，最好从客人的左侧奉茶，因为一般人都习惯用右手。如果得知客人习惯用左手，那就从右侧奉茶。

四、品茶礼仪

无论是茶事服务工作者或客人，在品饮茶汤时，都不应大口吞咽茶水，或发出不雅的声响，应很自然地先闻香，后观色，然后分数口将茶仔细品尝，空杯后，还可再嗅杯中的冷香。对于客人来说，如果是小的品茗杯，则单手从茶盘中端取；如果是稍大的杯子，则双手端取；如果是盖碗和配有杯托的杯子，则连同杯托一起端取。客人手端一杯茶时，可以稍等片刻，等待茶事服务工作者或主客带头，大家一起端杯品饮。另外，品完茶汤，如果杯沿上留有口红，则可用纸巾将其擦拭。

第四节　茶具适配

一、识茶具

1. 主泡器：

①茶壶：茶壶是常用的泡茶器具，一般有陶壶、瓷壶。

②茶盘：用于承放茶壶、茶杯，一般有竹质的、木质的、瓷质的。

③公道杯：用于分茶，茶汤首先倒入公道杯，使得茶汤浓度均匀，随后再进行分茶。

④茶杯：茶杯种类繁多，大小不一，材质不一，用于品茗。

⑤盖碗：盖碗是常用的泡茶器具，一般为瓷质，也有玻璃制品。

⑥玻璃杯：玻璃杯一般用于绿茶的冲泡。

2. 辅泡器：

①茶则：用于盛茶入壶，一般为竹制品或木制品。

②茶漏：可将茶漏放置在较小的壶口上，方便倒茶入壶，防止茶叶散落壶外。

③茶匙：用于拨茶入壶，一般为竹制品或木制品。

④茶荷：用于置茶、赏茶，一般为竹制品、木制品、瓷制品。

⑤茶夹：用于拨茶入壶，也可在洗杯时，用茶夹夹取小杯。

⑥茶巾：用于擦拭滴落桌面的茶水，保持桌面清洁。

⑦茶针：用于疏通茶壶的内网，保持水流畅通。

⑧茶叶罐：用于储存茶叶，一般为马口铁制品、不锈钢制品、锡合金制品和陶瓷制品。

⑨煮水器：常见的有电壶、酒精灯壶、炭烧壶等。

二、茶具适配

1. 从与茶风格相配的角度考虑

目前常见的茶具有这么几种：玻璃类、瓷器类、陶器类、金属类、竹木类。而前三种多用于主泡器，也就是会直接影响茶汤的滋味和香气。一般而言，密度高的茶器，散热较快，泡出的茶汤，其香味比较清扬；密度低的茶器，散热较慢，泡出的茶汤，其香味比较低沉。如各种绿茶、花茶等香气风格本身就较为清扬，可选择密度较高的茶器来泡，如瓷制盖碗。其中，绿茶，特别是名优绿茶，还可以选用玻璃杯冲泡。名优绿茶是选用细嫩的鲜叶制成，因此冲泡时选择杯身矮小且散热较快的敞口玻璃杯为宜。同时名优绿茶制作工艺精细，冲泡后极具观赏性，透过玻璃杯，可将芽叶在水中舞动的风姿一览无余。此外，黄茶、白茶的制作工艺也较为精细，同样可用玻璃杯冲泡。如产于湖南岳阳洞庭湖君山的君山银针，冲泡后，芽叶竖悬汤中后冲升水面，又徐徐下沉，再升再沉，三起三落，蔚然成趣。而像大红袍、水仙、普洱等香气风格则较为低沉，适合选择密度较低的茶器来泡，如紫砂壶。当然，像还有一些茶，既可用瓷器类冲泡也可用紫砂类冲泡，如铁观音，那就要根据你希望得到的香气风格来选择了。

2. 从美学的角度考虑

品茗是一种享受，不但要求选合适的茶具，使茶的口感、香气达到最佳状态，同时还要追求视觉上的美感，即其质感、颜色要和茶相配。如宋代时，饮茶方法从唐代时的煎茶法转变为点茶法，并且民间流行斗茶，此时所用的茶具也不再是白瓷，取而代之的是黑釉茶盏。因为在斗茶时，茶盏中浮起的泡沫以白为贵，而黑釉茶盏则更能衬托茶汤的色泽。同样的，如今，当我们在泡红茶时，如果选择青瓷，则茶汤颜色会显得暗沉，相反白瓷能使得茶汤更显红艳、明亮。而在泡绿茶时，若选择颜色较深、材质粗糙的陶制茶具，则显得不相配；如果换作青瓷，那就能把绿茶茶汤呈现的青山绿水之感表现得更好。冲泡一些老茶时，如果选择质地轻盈的瓷器，则与老茶的醇厚不协调；但如果选择带有朴拙感的深色陶器，那老茶就更显“老”了。

第五节　品茗环境

喝茶时，对环境的讲究，自古有之。唐时茶肆遍天下，至南宋，茶馆业更是发达，当时首都杭州也是处处有茶坊，且“张挂名人书画”供消遣（耐得翁《都城纪胜》）。《梦粱录》中也说到了当时杭州茶肆的盛况：“插四时花，挂名人画，装点店面”。可见，古时，人们喝茶就已经开始注重环境了，优雅的布置、精美的茶具、悠扬的乐声，再点上一炷香，营造出了带有浓浓文化气息的饮茶氛围。喝茶已不再是单纯满足生理上解渴的需要，而是上升到一种精神的享受，讲究意境之美、气氛之和谐。

在一些古诗中，也可以看到古人喜爱的各种品茗环境，如王维有诗：“独坐幽篁里，茶香绕竹丛。”闭上眼，仿佛就能看见诗中描绘的茶香缭绕于竹丛间的优美画境。刘禹锡有诗“今宵更有湘江月，照出霏霏满碗花”，此时又是在月下品茗。明代徐渭在《徐文长先生秘集》中提到：“茶宜精舍，云林，竹灶，幽人雅士，寒宵兀坐，松月下，花鸟间，清白石，绿鲜苍苔，素手汲泉，红妆扫雪，船头吹火，竹里飘烟。”看这些古代文人品茗或月下或花间或松间石上，听泉论画作诗抚琴，不亦乐乎。

如今各地也是茶馆林立，很多茶馆的选址也多考虑山、泉、林、湖等环境因素，所以在很多风景名胜区，总能找到茶馆，如杭州虎跑泉、无锡的惠山泉附近都有茶馆。茶馆的风格也是多种多样，有较为古典的宫廷式、书斋式、庭院式等茶馆，也有装修新潮的风格较为时尚的茶馆。

如果不上茶馆，邀上三五朋友，到家中喝茶，只要有心布置，也能在有限的空间里营造出一片适合品茗的小天地。如果选在书房喝茶，古人的焚香、插花、挂画都是可以沿用的，或放一些舒缓的音乐，这都可以烘托品茗的气氛；想选个采光好的地方，那就在阳台摆个小桌，铺上桌布，喝着茶、聊着天，就能休闲一下午。总之，家中只要保持干净、各种物品摆放有序，再略作适合品茗的装点，在简单舒适的环境中也能品得茶的真味。

第六节　茶点选择

饮茶佐以点心，自古有之。一方面，品饮一些不发酵或轻发酵茶时，此类茶叶中的茶多酚、咖啡因等天然成分保留较多，如在空腹状态下饮用，这些活性物质会与胃中的蛋白结合，容易伤胃，对人体产生不利影响。所以饮茶前或饮茶时吃一些小点心，可减少对胃的刺激。另一方面，品饮茶时，或多或少会让人感觉有苦涩味，品饮过程中吃一些甜咸小点，从味觉上来说达到一种平衡，能更好地享受茶的美味。

通常茶点的选择，在兼顾喜好的同时，也须考虑哪些点心适合作茶点，哪些是不适合的。比如味道过重的点心就不适合作为茶点，此类点心会影响对茶汤的品尝。茶点，不仅要求有营养、味道好，最好还要有观赏性，即外形美、色彩上朴素淡雅为上，尺寸小为宜。特别是在一些规格较高的正式茶会上，茶点最好选择无须剥皮、无须吐核的点心，最好一口就能吃完，这样能避免碎屑掉落。同时茶点也不宜量多。

一、根据不同的茶选择茶点

茶点要适应茶性，这样茶与茶点两者的美味才能相得益彰。著名茶人范增平先生认为：“甜配绿，酸配红，瓜子配乌龙。”就是说，品饮绿茶时，可选择一些甜点，如凤梨酥等；品饮红茶时，可选择一些带酸味的茶果，如蜜饯、柠檬等；品饮乌龙茶时，可选择一些瓜子、花生等带咸味的食品。

二、根据不同的季节选择茶点

一年四季，寒来暑往，干湿各异，人的生理需求也相应发生变化。因此，根据气候变化对口味的影响，选择季节性的原料所制作的时令点心最适合作为当季的茶点。如严冬刚过、大地渐渐复苏的春天，可选择“豆苗鸡丝卷”、“鲜笋虾饺”作为茶点;烈日炎炎的夏天,“马蹄糕”、“冻糕”、“绿豆糕”、“荷花酥”看着就让人感到丝丝凉意,此时来一杯晶莹碧翠的绿茶,更增降温消暑之效;秋高气爽时,“蟹黄汤包”、“葵花盒子”、“菊花酥”、“芋角”是不错的选择;严冬来袭时,“腊味萝卜糕”、“萝卜丝饼”、“梅花酥”、“牛油戟”配上红茶或奶茶,美味又暖胃。

三、根据不同的节日选择茶点

在不同的节日里品尝一些糕点不仅可以增添节日的欢乐气氛,而且还满足了人们的食欲需要;同时,更重要的是还能满足人们在节日里祈求吉祥如意的心理需求。

1. 春节(农历正月初一),“初一饺子,初二面”,大年初一,喝一口热茶,吃着热腾腾的饺子,顺便讨个好彩头,再幸福不过了。

2. 元宵节(农历正月十五),当然是吃汤圆了,这汤圆可汤煮、可油炸、可蒸食,有团圆美满之意

3. 寒食节(清明的前一天),禁烟冷食,可选择些凉糕、枣饼作为茶点。

4. 清明节(节气清明),扫墓踏青,在品茗的宁静中,怀念故人,此时可配以青团之类的冷食。

5. 端午节(农历五月初五),可以选择制作得小而精致的粽子佐茶。

6. 七夕节(农历七月初七),以茶表爱意,配以应节食品巧果,当然西式糕点也是不错的选择,清甜在嘴里,浓爱在心间。

7. 中元节(农历七月十五),江南水乡一带的毛豆刚熟,可以煮上一锅,比比是豆子鲜美,还是茶汤的鲜爽更令人回味。

8. 中秋节(农历八月十五),家人围坐在一起,分月饼,分茶汤,其乐融融。

9. 重阳节(农历九月初九),赏菊、品茶、佩茱萸、吃云片糕,完全可以办一个敬老茶会。

10. 下元节(农历十月十五),南方一带有自家做糍粑送亲友的习俗,此时品茗可作为茶点佐茶。

11. 腊八节(腊月初八),自然是喝腊八粥了。

第七节　督导职责

“督导”是从管理学中引进的一个概念,顾名思义即为“监督指导”的管理职能。通常,基层管理者经过一段时间内执行持续的督导程序,向新进一线员工、初级技术人员以及实习生或志愿者等传授专业服务知识与技能,以增进其专业工作能力,从而帮助他们尽快成长并确保相关的服务质量。

督导作为担当职能的人，就是管理一线员工的人员，属于基层管理。督导日常的主要工作是向员工发出指令，但这只是督导管理工作中的一个环节。作为督导，还应充分掌握实际操作技巧，或至少了解这些技巧；必须将大部分时间和精力投入到管理他人的工作上去，有效地与员工在个人和专业方面进行管理和协调并作出正确决策。

具体来说，茶馆督导的职责包括以下几个方面：

1. 对茶馆所有者来说

督导在茶馆所有者指导下工作，并对其负有职责，具体包括：完成各项工作任务、在预算内经营、执行茶馆的各项规定、保持良好的经营业绩等。

2. 对员工来说

督导对员工同样负有职责与义务，具体包括：为员工提供良好的工作环境、适时代表员工的利益、表扬赞赏和鼓励员工、培训员工并提供职业发展机会等。

3. 对宾客来说

对服务业来说，宾客是最重要的。宾客能让茶馆赢利也能让茶馆关门。对宾客提供优质服务可以让宾客成为回头客。督导对宾客的职责，具体包括：为宾客提供优质的产品和服务、为宾客提供安全舒适的环境。

第四章 茶用器具

茶用器具是茶饮及茶事活动中行茶时功能性的必要组成，对于烹点茶汤至关重要而与水的作用旗鼓相当，以至于有“水为茶之母，器为茶之父”之说。其含意在于：茶须借助于器的容纳和水的浸润才得以表现出它的色香、味、形。同时，茶器具还是行茶方式和茶学思想观念的载体，一方面需要因茶、因事、因地制宜地选择使用；另一方面茶器具应能恰当而完整地表达主事者的心意，体现其茶学造诣、审美情趣和人文素养，即诚如陆羽《茶经》所言：“二十四器阙一，则茶废矣！”

茶器具的重要性还在于“器以载道”——茶饮如同其他饮食一样，每一次活动的物质对象都会在那一次消失损耗，难以长留踪迹；而器具却能够一次次地反复使用，甚至经历千年而留传至今，就像如今仍然可以看到甚至触摸到的唐宋茶器具。概而言之，茶饮方式决定了茶器具的形制和种类，其中蕴含了茶的采制工艺、茶叶的饮用方式、当时的习俗观念和人们的精神追求等丰富的文化信息。

茶器具的概念有个逐步演化的过程。汉晋之前，基本没有专用的茶器具；唐代开始有了成熟的茶道理论，也有了形成体系的茶器具，但是在陆羽《茶经》中，采制茶叶的工具称之为“具”，用于行茶、吃茶者称之为“器”的器具才是现今含意上的茶具。相关于茶饮方式，各代都有代表性的茶具，如唐代的青瓷茶碗、宋代的黑釉建盏、明代以后的景瓷宜陶，直至当今的集古今之大全的各类茶器具。

茶器具选择的基本出发点是对茶有益，这一观念肇自陆羽《茶经》。茶器具的组合还可形成赏心悦目的美感；而在茶席设计或摆布中，作为品茗环境的组成部分，茶器具更可以契合茶会的主题、表达主事者的心意。茶器具配置上的简与繁，除了与使用者的偏好与风格有关外，更应符合茶事活动的需求和约定。

现代意义上的茶具，指的是行茶品茗的器具。行茶品茗需要掌握合乎科学性的茶艺冲泡，其中既有对茶品的认识及相应茶叶的投量、冲泡水温、浸泡时间这三要素的把握，还需把握在合理的行茶过程中茶器具的正确使用方法，而选备茶器具是其前提。

从品茗环境的布置所运用的各种“造景”器具角度来看，茶用器具可以有更广泛的范围，尤其是储茶容器和采制茶叶的工具即陆羽《茶经》中的“茶具”所涉及的器物，因其有用于表现观念或益于创造氛围，故而也可列入其中。

从古至今，在各种古籍中可以见到且现在或常或鲜仍能见到的选用的茶具有：茶灶（炉、鼎）、茶铫（水注、汤瓶）、茶瓯（碗、盏）、茶杯、茶壶、茶臼、茶磨、茶碾、茶笼、茶罗、茶盒、茶筅、具列（茶柜）、茶筐、茶板、水方、滓方（水盂）、柄勺、茶瓢、茶夹（钤）、茶匙等，不一而足。

第一节　器择陶简

茶饮在"秦人取蜀"之后有了大范围的地域扩展，到汉晋时，茶文化孕育萌芽，而那个时期的茶饮用具，仍然处于借用或通用阶段。依托茶文化整体的逐渐萌发而趋于成形，茶用器具也到达通向专用的转折点。

一、与食器酒具通用

茶作为饮食的一部分，曾经主要用来煎煮为药或煮羹、煲汤。大致到魏晋南北朝时期，虽然茶汤的饮用渐从饮食的组成部分演变成独立的单元，并进一步需要备制干果、水果和点心作为茶饮的配合，但从史料所载来看，那时用于饮茶的器具，主体仍然与酒具、食具通用。至于最早在文中涉及饮茶使用器具的西汉（公元前206－公元8年）时期王褒的《僮约》，所谈到的"烹茶尽具，已而盖藏"，则着重于煮茶时器具应尽量完备的要求，并不意味着器具的专用。

用作茶饮的器具，明确见于文字的记载还有西晋（265－316年）左思（约250－305年）的《娇女诗》，诗中有句曰"心为茶荈剧，吹嘘对鼎鬲"。其中的鼎鬲，是古代的煮食用器。

与左思同一时期的杜育所作《荈赋》，为迄今所见最早以茶为主题的文学作品，其中有"器择陶简，出自东隅（瓯）"、"酌之以匏，取式公刘"的词句。

陶简即陶瓷制品。中国的陶器产生于距今一万年开始的新石器时期，在距今4 000年时在一些印纹陶表面出现极薄而光亮的"自然釉"，由此脱胎，随着印纹陶披上晶莹闪亮的外衣而于公元前17世纪即商代时期出现了原始瓷。公元1世纪的东汉时期，在上虞曹娥江中游地区的窑场烧成了达到成熟瓷器标准的青瓷，其"胎质细腻，呈灰白色，釉层均匀莹润，釉色有青、淡青、青绿青黄等，胎釉结合良好，击之声如金石……其烧成温度高达1310℃左右，由于烧结程度高，所以器胎的显气孔率只有0.62%，吸水率最低的仅0.16%"，"以该地区窑场为主体的越窑因此成为先进制瓷技术辐射性传播的源泉"（《青瓷风韵：永远的千峰翠色》）。其他窑场如湖南岳州窑、江西洪州窑、江苏宜兴窑等都"竞相烧造销路畅达的青瓷，然而由于技术不娴熟和缺乏经验，所以在质量上远逊于越窑"，其烧成温度较低、显气孔率和吸水率较高。

在《荈赋》所叙述的茶事活动中，选择越窑青瓷制的盛器意味着行茶事时器求其精的要求，而同时分茶选用具有效仿先贤之礼制意义的匏瓢，可见那时的一些文人雅士在行茶事时已对所用器具的材质形制及人文含意有选择、有追求了。

至于《广陵耆老传》所载晋元帝（317－323 年）时，“有老姥每旦独提一器茗，往市鬻之。市人竞买，自旦至夕，其器不减”，则只是以某器装盛茶饮罢了，且从老姥的外在身份和生意的“市人竞买”情形揣度，她所卖的更有可能是茶粥。同样见诸记载而时间上更早的，是在西晋八王之乱时，蒙难的晋惠帝司马衷（290－306 年）从河南许昌回洛阳，侍从有“持瓦盂承茶”敬奉以解渴乏的举动。其中的瓦盂，显然也只是处于鞍马劳顿的仓皇之中临时用来盛茶的陶器而已。但在浙江湖州的一座东汉晚期墓中，出土了一只阴刻“茶”字的青瓷瓮，确实为专用于储茶的容器。然而，单独的储茶器物远远不能构成行茶主体。

由上述可见，在隋唐以前，除偶尔有专用的储茶器物外，用于茶饮的器具与食具、酒具之间的区分并不明确，毋庸置疑是通用的。

二、转折时期

然而，也正是在汉末及魏晋时期，随着茶饮逐渐独立于饮食和人们对茶饮要求的把握逐渐透彻，更由于饮茶已渐成为社会风尚和风流的表现形式时，对于各种材质器物制造工艺的掌握就为专用茶器具的呼之欲出提供了技术条件。

晋、南北朝时期，出现了专门的茶器。首先有了带托盘的青釉茶盏。盏托又称茶船、茶拓子，为承托茶杯，以避免“熨指”带来使用上的不便。盏托虽小，但确为品茶而作，既方便又端持有风姿。由此，饮茶器具的专门化，也为茶饮的风流意味提供了形式上的可感受性。

图 4－1－1　南朝青釉点褐彩茶托

三、因“式”而专

杜育《荈赋》中有“取式公刘”的记述，即当时的文人雅士在举行茶事的时候，会有一定的仪式感。就如青铜器多为礼器一样，缘于祭神享祖、礼仪交往、宴飨宾客等活动的需要，形制和使用上都有规定或约定俗成。

故而，当茶饮成为风流的一种而有了相似的要求之后，逐渐成熟的器具生产工艺能够制作出相应借以表达“式”的物件——真正专用而蕴含美感的茶具由此而生。

第二节　陆羽二十四茶器

中国茶饮专用器具及其完备体系的形成，无疑是在中唐。而确凿、完整的文史资料，就是陆羽的《茶经》，其中的“四之器”一章叙述了廿四茶器。

据文献记载，唐代以前的饮茶方式以调饮为主，茶叶常配以姜、葱、薄荷、茱萸、胡桃、松仁及其他食物或药物混煮成汤以做羹汤用于药用。

到唐代，“茶具”和“茶器”两词在唐诗里多处可见，诸如唐代诗人陆龟蒙的《零陵总记》有“客至不限匝数，竟日执持茶器”，诗人白居易的《睡后茶兴忆杨同州诗》有“此处置绳床，旁边洗茶器”，诗人皮日休的《褚家林亭诗》有“萧疏桂影移茶具”之语。

同一时期，唐代人观念及词语中的“茶具”，似乎涵盖了茶事所涉及的栽种环境、采制工具、制作场所、煮饮器物，甚至是人物和事务。如皮日休的《茶具十咏》中所列，有茶坞、茶人、茶笋、茶籝、茶舍、茶灶、茶焙、茶鼎、茶瓯、煮茶等。其中“茶舍”，所指大概为制茶的所在，其《茶舍》曰：“阳崖忱自屋，几日嬉嬉活。棚上汲红泉，焙前煎柴蕨。乃翁研茶后，中妇拍茶歇。相向掩柴扉，清香满山月”，所描写的是茶舍人家研茶、拍茶后准备烘焙的制茶过程。据《画漫录》记载：“贞元(785 年)中，常衮为建州刺史，始蒸焙而研之，谓研膏茶，其后稍为饼样，故谓之一串。”

陆龟蒙则在与皮日休诗的应和中所写《茶籝》中将该茶具描写为“金刀劈翠筠，织似波纹斜”，可知“茶籝”就是一种竹制、编织有斜纹的茶叶采摘时用的盛具。

古人煮茶要用火炉(即炭炉)，唐以来煮茶的炉通称“茶灶”，《唐书·陆龟蒙传》说他居住松江甫里，不喜与流俗交往，虽造门也不肯见，不骑马，不坐船，整天只是“设蓬席斋。束书茶灶”，往来于江湖，自称“散人”。唐代诗人陈陶《题紫竹诗》写道：“幽香入茶灶，静翠直棋局”。可见唐代的茶灶，跟如今的煮水器的加热部分大致功能相当。

唐代的瓷器制品已达到圆润轻盈的工艺水准，皮日休的《茶瓯》诗道：“邢客与越人，皆能造磁器。圆似月魂堕，轻如云魄起。”当时的“越人”多指现浙江东部地区的人，“邢人”则指现河北内邱、临城一带即唐代邢州地区的人，“磁器”即“瓷器”，意思是越人和邢人烧造的瓷器形如圆月，轻如浮云。而“金陵碗，越瓷器”这样把越窑青瓷当做某类器物的代表性精品的美誉,则可以看出人们的推崇之意。一言以蔽之,唐代陶瓷工艺的发展和技术的成熟大大推动了当时茶具的改进与发展。

唐代时用于盛茶的茶碗,尺寸比茶盏稍大而小于吃饭用的碗,这种茶具的用途在唐诗中也有反映。如白居易的《闲眼诗》云:“昼日一餐茶两碗,更无所要到明朝。”诗人一餐喝两碗茶,可知当时茶碗不会很大,也不会太小。韩愈的《孟郊会合联句》即曰:“云纭寂寂听,茗盌纤纤捧。”盌,在古代也写成“碗”和“椀”,可以表达出制作材料和工艺的含意;“纤纤”表述的是捧在手里小巧的感觉。

唐代人庵茶斟注开水的茶器称为“注子”,其来源于执壶。“注”的含意是指从壶嘴里往外倾水,也就是后来宋代所称的“汤瓶”。据《资暇集》载:“元和初(806年,为唐宪宗时)酌酒犹用樽杓……注子,其形若罂,而盖、嘴、柄皆具”。“罂”是一种小口大肚的瓶子,唐代的“注子”类似瓶状,腹部大便于装更多的水,口小利于庵茶注水。约到唐代末期,世人不喜欢“注子”这个名称,甚至将茶壶柄去掉,整个样子形如“茗瓶”,因没有提柄,所以又把它叫做“偏提”。后人把泡茶叫“点注”,概源于唐代“注子”一名。

一、煎茶认识

煎茶之煎,同中药煎煮有想通之处,都要有一定的方法和要求,如水量多少、火候调整、沸腾时间长短等。当这一行茶方式在唐代成熟时,就有陆羽在《茶经·五之煮》中所记述的煎茶法,概括而言,就是:煮水三沸,一沸放盐、二沸出汤一瓢并投茶、三沸回倒前出熟水止沸育华。整个煎茶流程的主要环节,其实包含着现代泡茶之茶艺方法所谓的三要素,即茶量、水温和时间。

二、茶道理论

唐代,是中国茶道理论形成的初期,其标志是世界第一部茶叶专著——陆羽的《茶经》。

综览《茶经》,三卷十章,正文六千多字,含陆羽自注的全文为七千多字。总体言简意赅,却论述了与茶叶相关领域的方方面面,堪称当时茶的百科全书。书中对唐代及唐代之前的茶叶历史和典故、茶之为饮的精神内涵、茶树的栽培、鲜叶的采摘、蒸青紧压茶的制作、茶叶的煎煮和饮用、行茶的完备要求和因地简略等都作了记叙和阐述。就此而言,陆羽的茶道理论实为有关茶叶和茶饮的自然之道、技术之道、人文之道和哲理之道。

陆羽《茶经》的“四之器”,要求行茶和品茗器具要能益茶和体现茶道精神,与此相应的是形制、材质、功能都有确凿要求的“二十四器”茶具体系。这就与传统文化的文以载道的思想一脉相承,即观念表达的器以载道。

就材质和功能而言，陆羽对产于各地的瓷碗的对比和褒贬，体现出他对有关茶器的主张。

碗，古称“椀”或“盌”。先秦时期，又名“槽盂”。《荀子》记述：“鲁人以榶，卫人用柯”（原注：盌谓之榶，盂谓之柯）。《方言》记述：“楚、魏、宋之间，谓之盂”，可见椀、盌、榶、柯都是一种形如凹盆状的盛物用品，古人也通称为“盂”。现代，碗和盂在功能上则界限分明。

三、器具体系

唐代茶叶的采制工艺，按陆羽《茶经》的叙述分为七道工序即“七经目”，依次为：采、蒸、捣、拍、焙、穿、封。以现在的分类方法，所采制的茶叶可称之为“蒸青饼茶”或“紧压的蒸青绿茶”。

《茶经》的“二之具”，所述为采制茶叶的工具；“四之器”才是现在用于行茶品茗的器具。唐代的主流行茶方式为煎茶法，也称煮茶法，是一种有思想观念、有流程顺序及整套器具的行茶体系。在《茶经》中，煮茶和盛汤而饮的器具，共计有24件（含5件配套用具和1件同功能用具），每件都有明确的名称、材质、形制和用途。其可分为八类：

1. 生火用具

有风炉（配套灰承）、筥、炭檛、火夹，共计4件。

（1）风炉。铁铸，三足两耳，形如古鼎。炉腹三个窗孔上方，有“伊公”、“羹陆”和“氏茶”字样，连读成“伊公羹，陆氏茶”；三足分别有“坎上巽下离于中”、“体均五行去百疾”、“圣唐灭胡明年铸”语句。伊公即伊尹，《韩诗外传》说他“负鼎操俎调五味而立为相”。在此，陆羽以伊尹自况，寄寓了自己的人生理想，或至少是对自身才华的期许。

灰承，三足铁盘，置于炉底，用以接承炉灰。

（2）筥。盛炭块以便取用生火的竹编容器。

（3）炭檛。六角形的铁棒，或锤状或斧状，用它敲炭使炭大小适用。

（4）火夹。又名筯，铁或铜制火筷，用来取炭。

2. 煮茶用具

有镀、交床、竹夹，共计3件。

（1）镀。又称釜，用生铁制作，煮茶用锅。

（2）交床。十字交叉支撑的架子，上面搁中空的木板，用以置镀。

（3）竹夹。竹或桃、柳、蒲葵、柿心木制成，两头包银，用以煮茶时搅拌茶的一尺长夹。

（4）唐代其他煮茶用具：匙、铛、铫、鼎、瓶。其中匙，有法门寺出土的长柄鎏金银质茶匙为证，其长35.7厘米，与《茶经》所述一尺左右的“竹荚”相仿，用于茶末投入沸水中前后搅拌茶汤。

3. 备茶用具

有夹、纸囊、碾(配套拂末)、罗合、则，共计5件。

(1)夹。用小青竹制成，用以炙烤时夹持茶饼。

(2)纸囊。双层剡藤纸缝制，用以储放烤炙后的茶饼，使“不泄其香”。

(3)碾。橘木制作，也可用梨、桑、桐、柘木材质，用以将饼茶碾成碎末。拂，用鸟羽做成，碾茶后，用以清扫茶末。

(4)罗合。罗为筛，合即盒，经罗筛下的茶末盛在盒内。

(5)则。海贝、蛎蛤的壳或铜、铁、竹制作的匙，用以量取茶末。

另外，唐代其他备茶用具：臼、磨。

4. 备水用具

有水方、漉水囊(配套绿油囊)、瓢、熟盂，共计4件。

(1)水方。椆木或槐、楸、梓木制成，可盛放煮茶用的清水一斗。

(2)漉水囊。骨架用生铜制作，囊可用青竹丝编织，系有柄滤水网。绿油囊，油布制成的袋子，用以储放漉水囊。

(3)瓢。又名牺杓，剖开葫芦或凿木制成，用以舀水和酌茶。

(4)熟盂。陶或瓷制成，可盛水二升，用以盛放煮熟的水。

5. 备盐用具

即鹾簋(配套揭)，共计1件。

鹾簋。瓷制，用以盛盐。揭，竹制，用以取盐。

另外，唐代其他备盐用具：盐台。

6. 饮茶用具

即碗，共计1件。

(1)碗。瓷制，陆羽以“类玉”、“类冰”、“益茶色”而推崇越窑青瓷，用以盛茶来饮用。在唐代人诗文中，更多称茶碗为“瓯”。须予以关注的是：瓷器生产历史表明，在隋唐时期(581－907年)白瓷有长足的发展，且形成与青瓷并行的局面。陆羽选用青瓷，无关于瓷器制作工艺和品质的优劣，而在于审美价值的取向和视觉感受对品尝茶汤的影响。

(2)唐代其他饮茶用具：茶托子，后又称为茶拓子，功能与现在盖碗杯的杯托相同，用于承托茶碗，便于持握而不烫手。其实物早在南北朝时就有，唐代李匡义《资暇集·茶托子》考证该器物由唐代建中西川节度使崔宁之女发明，属于一段逸闻，细节可信，可以看做是相同功用器物的重复创造。

7. 纳器用具

有畚、具列(与都篮功能近似而便于携带)，共计2件。

(1)畚。白蒲编织而成,衬以双幅剡纸,用以备置茶碗。

(2)具列。木竹制成的架子,按《萧翼赚兰亭》所绘,其为方形四足的小型矮案,即"茶床",用以摆放和收归茶具。都篮,竹篾编制,用来装盛全部烹茶器物,可方便携带。

8. 清洁用具

有札、涤方、滓方、巾,共计4件。

(1)札。茱萸木或竹子夹住栟榈皮制成的笔状刷子,用以饮茶后清洗茶器。

(2)涤方。楸木板制成,容积八升,用以盛放洗涤后的水。

(3)滓方。制法类似涤方,容量五升,用以盛放茶滓。

(4)巾。粗绸制成,长二尺,用以擦拭茶具。

四、皇家御用

20世纪80年代后期,陕西扶风县法门寺地宫出土了佛指舍利,同时使大批珍贵的唐代器物得以面世,其中包括成套的宫廷茶具,有茶碾、茶罗合、茶则、长柄汤匙、盐台、火箸、琉璃茶盏与茶柘、秘色瓷碗等,其工艺精湛,令人叹为观止。

这些皇家用具与陆羽《茶经》记述的民间茶具相映生辉,使人们对唐代茶具有了更加完整的认识。并且,据细加推敲,其中的有些器具可以旁证,唐代的茶饮在以煎茶法为主的同时,也有后世称为点茶的"庵茶"法。

这些茶具为:

1. 鎏金天马流云纹壶门座银茶碾

茶碾由碾槽和锅轴(即银制碾轮,纹样为鸿雁和团花)组成,形制与陆羽《茶经》所述相符合,即"内圆而外方……内圆备于运行,外方制止倾危",意在运行时的平稳,有利于碾茶成末的匀和细。

图4-2-1 法门寺茶具——茶碾

2. 鎏金仙人驭鹤纹壶门座银茶罗

筛分粗细，用盒贮存便于取用。长方形，由银质的座、罗架、筛罗、抽屉、盒盖构成。匣体内，主要是置于罗架上的夹有细纱网的筛罗，网眼细密约60目，出土时伴有褐色粉末。

3. 鎏金飞鸿纹银茶则

椭圆浅斗小勺，背刻“五哥”；稍曲的长柄上宽下窄，背錾“二两”。

4. 鎏金流云纹长柄银匙

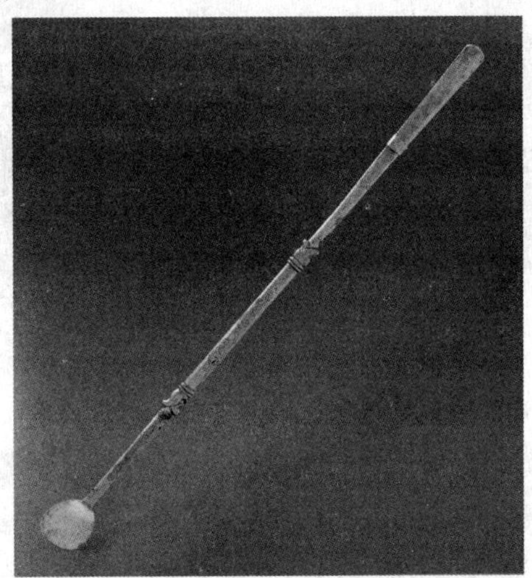

图4-2-2　鎏金蔓草纹长柄银匙

5. 鎏金摩羯纹蕾钮三足银盐台

带盖有足的葵口银盘。盖子形似倒置的荷叶杯，四周錾魔羯纹。佛家认为摩羯是鱼中之王，能避一切恶毒。盖钮是一颗含苞未放的花蕾，做成可张可合的两半。

6. 系链银火筋

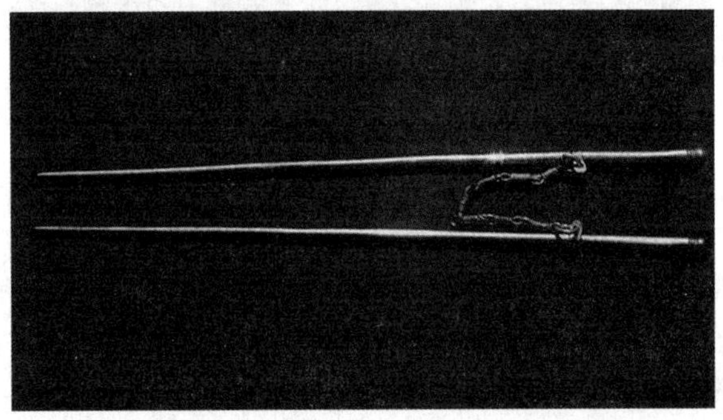

图4-2-3　法门寺茶具——系链银火筋

7. 素面琉璃茶盏与托

撇口圆唇、斜壁平底。通体透明光洁,呈淡黄绿色。

图4-2-4　素面琉璃茶盏与托

8. 葵口圈足秘色瓷茶碗

图4-2-5　法门寺茶具——葵口圈足秘色瓷茶碗

9. 金银丝结条笼子

出土时,笼内有木制底板残存,应为贮存茶饼之用。整体饰有金丝盘成小圆圈形连珠花纹,相似于唐代连珠织锦。

10. 鎏金鸿雁于飞球路纹银笼子

四足、筒形、带盖、提梁,是冲模成片再焊接成笼。

11. 鎏金龟形银茶椪

在民俗传统中，龟一向为神灵之精。其造型，上隆法天、下平法地，昂首伸颈似在行气导引；口鼻都有小孔通气，可倒出茶粉。

第三节　谂安《茶具图赞》

宋代行茶方式的主流不再是直接煎煮，而是烹水点茶法，因而器具亦随之变化。其点茶法多体现伦理观念对日常事物的影响，行茶器具也不例外。在南宋末期谂安老人所著的《茶具图赞》中，烘茶的焙笼叫"韦鸿胪"，自汉代以来，鸿胪司掌朝廷礼仪，茶笼以此为名，礼仪的含义便在其中了。碎茶的木槌称为"木待制"，茶碾叫做"金法曹"，罗合称作"罗枢密"，茶磨称为"石转运"，连擦拭器具的手巾都起了个高雅的官衔，叫做"司职方"。且不论这些名称所表达的礼制规范是保守还是进步，其中的文化内涵则一目了然。可见，中国古代茶具的形制与名义不是为繁复而繁复，而是为在符合行茶实际需求的同时用来表达一定的思想观念。宋代全套茶具以"茶亚圣"卢仝名字命名，叫做"大玉川先生"。足见，仅以使用价值来理解古代茶器是难得其要领的。

宋、元、明几个朝代，"茶具"、"茶器"两词在各种书籍中都可以看到，如《宋史·礼志》载："皇帝御紫微殿，六参官起居北使……是日赐茶器名果。"宋代皇帝将"茶器"作为赐品，可见当时行茶器具可以用作往来的礼品。北宋画家文同有"惟携茶具赏幽绝"的诗句，南宋诗人翁卷写有"一轴黄庭看不厌，诗囊茶器每随身"的名句。

宋代誉为"四大家"之一的杨万里《压波堂赋》有"笔床茶灶，瓦盆藤尊"之句。

保管茶叶的茶焙，据蔡襄《茶录》所载，是一种竹编容器，铺垫箬竹的叶子。茶放在茶焙里，要求用小火作适度的烘焙，就可以既保持一定的干燥程度又不会损坏茶色和茶香了。

南宋罗大经《鹤林玉露》有记载说："茶经以鱼目、涌泉、连珠为煮水之节，然近世（指南宋）瀹茶，鲜以鼎镬，用瓶煮水，难以候视，则当以声辨一沸、二沸、三沸。"依罗大经的表述，过去（南宋以前）用鼎炉和上口开放的镬煮水，便于观察水沸腾的程度，而改用瓶煮水，因瓶口小，难以观察到瓶中水沸腾的情况，只好靠听水声来判断水沸腾程度。

宋代文学家苏轼在《煎茶歌》中描绘煮水的情形时说"蟹眼已过鱼眼生，飕飕欲作松风鸣……银瓶泻汤夸第二，未识古人煎水意"，苏轼的这段诗句可以作为宋代以来煮水用"汤瓶"的又一很好的例证。

唐宋以来，家用器物偏好铜、瓷而不重金玉，社会的总体需求决定了铜制和陶瓷茶具逐渐替代古老的金银和玉制茶具。《宋稗类钞》记述："唐宋间，不贵金玉而贵铜磁(瓷)。”其中,既有性能、价格上的因素,也有人文、价值观念的变迁,而陶瓷工艺的发展更有推波助澜的作用。

宋代的制瓷工艺技术和艺术水准达到某种登峰造极的地步,诸多名窑各领风骚,名传千古,至今盛誉不衰。

位于河北曲阳(宋代属定州)的定窑,以烧白瓷为主,兼烧黑釉、酱釉、绿釉,白釉瓷又装饰有刻花、划花与印花技艺作出的纹样,覆烧有芒为其特点,世称“定州白窑”。

北宋大观年间(1107 - 1110 年)朝廷贡瓷要求“端正合制,莹无瑕疵,色泽如一”。同期,景德镇陶瓷色变如丹砂(红色),也是为了上贡的需要。

政和年间(1111 - 1118 年),徽宗诏令在汴京(今河南省开封)设置窑烧造瓷器,此即“官窑”。其所产瓷器,釉色以月白为上,粉青次之,天青、翠青又次之。高宗南渡临安后,设有两处官窑,一处由邵成章设在凤凰山下的后苑修内司,世称修内司官窑,名为“内窑”,又名“邵局”;一处设在郊坛下,称为郊坛下官窑,两者并称南宋官窑。其中,内窑瓷器按《格古要论》的说法是:“官窑器,宋修内司烧者,土脉细润,色青带粉红,浓淡不一,有蟹爪纹,紫口,铁足,好者与汝窑相类。”“油(釉)色莹彻,为世所珍。”

汝州受朝廷之命造“青窑器”,其器用玛瑙细粉末为釉的发色剂组成,使得色泽更显洁莹、青而润泽;其开创了青瓷印花的特殊风格,通体有极细的纹片,宛如冰裂、蟹爪;其底部有细小烧痕即所谓“芝麻钉”,这是由于汝窑改变了定窑覆烧的做法,用细小支钉托住器皿所致。作为御贡,当时流入民间的很少;所谓“世尤难得”。汝窑瓷器被视为宋代瓷窑之魁,史料说当时的茶盏、茶罂(即茶瓶)价格昂贵到了“鬻诸富室,价与金玉等”的地步,世人争为收藏,就有了“家有万贯,不如汝窑一片”的说法。

哥窑,是宋代著名的民窑。相传有章氏兄弟二人,在浙江龙泉县境各设一窑烧瓷,分别称哥窑和弟窑。哥窑产品的最大特点是,釉面有许多浅白的细小裂纹,纹路交错;釉色以青为主,浓淡不一,但也有淡紫色、黄色的产品。黑胎厚釉、紫口铁足是其另一个特征。

钧窑,建于北宋初年,窑址在今河南省禹县西张神镇。其瓷器独特之处在于表面所附着的是一种乳浊釉,其青色不同于一般青瓷,虽然深浅不一但多近于蓝色;釉内还含有少量的铜,在还原气氛下烧成后釉色带红,有如蓝天中的晚霞,是青瓷工艺的一个创造和突破,也为陶瓷审美开辟了一个新的境界。钧瓷釉色比较丰富,有米色、月白,玫瑰紫、海棠红、茄皮紫,天蓝、葱翠青以及窑变等,其中,以“钧红”、“钧紫”最为名贵。

除此之外,宋代还有不少民窑,如乌泥窑、余杭窑、续窑等生产的瓷器也都精美可观,其所烧造茶器,也蔚为可观。

另外，宋代时开始有“茶杯”之名。见《陆游诗》云：“藤杖有时缘石瞪，风炉随处置茶杯。”

一、点茶简述

点茶的基本过程，是在烤热后的茶盏里放入茶粉末，注入少量的水调膏使汤与水融合，再注入相应足量的水，击打出沫成汤。

二、汤匙与筅

宋代点茶用具，先用汤匙，后来才出现专用的筅，由此可略见茶具的演变。

蔡襄《茶录·茶匙》有：“茶匙要重，击拂有力。黄金为上，人间以银铁为之。竹者轻，建茶不取。”

赵佶《大观茶论·筅》有：“茶筅以筋竹老者为之。身欲厚重，筅欲疎劲，本欲壮而未必眇，当如剑脊之状。盖身厚重，则操之有力而易于运用；筅疎劲如剑脊，则击拂虽过而浮沫不生。”

三、建盏、急须、煎茶瓶、汤瓶

该行茶方式相应所需用到的主要器具如下：

1. 建盏

建窑烧制的黑釉瓷碗，有兔毫、油滴等多种釉色，适于斗茶。而饮茶用茶盏，也有酱色釉、青白釉和白釉等。

图4－3－1　宋代建窑油滴盏

图4－3－2　宋代青釉汤瓶

赵佶《大观茶论·盏》有：

盏色贵青黑，玉毫条达者为上，取其焕发茶采色也。底必差深而微宽，底深则茶宜立而易于取乳，宽则运筅旋彻不碍击拂，然须度茶之多少。用盏之大小，盏高茶少则掩蔽茶色，茶多盏小则受汤不尽。盏惟热则茶发立耐久。

宋代茶盏非常讲究陶瓷的成色，尤其追求“盏”的质地、釉色变幻和厚薄均匀。蔡襄在《茶录》中认为：“茶色白，宜黑盏，建安所造者，绀黑，纹如兔毫，其坯微厚，熁火，久热难冷，最为要用，出他处者，或薄或色紫，皆不及也。其青白盏，斗试家自不用。”依这段史料可以看出，斗茶是茶汤色泽近白，适宜选用黑色茶盏，显然茶具的选用相关于茶汤，这同陆羽的茶器必须有益于茶的观念是一脉相承的。材质与釉色适宜的盛汤茶器，可以更好地保持汤温和香气、衬托茶色，提升品茶的生理愉悦。

以斗茶需求而言，宋代建安（今福建建瓯）制造的黑釉而稍带红色即表面釉色绀黑的“建盏”是最为适合的茶汤盛具。至于兔毫、鹧鸪斑、油滴和窑变等美轮美奂釉色的出现，足见当时对瓷釉发色原理和技术的把握已非比寻常，达到了出神入化的地步。

“熁火”，是把茶盏靠近火源烘烤以提高温度，因坯胎较厚而熁后可以“久热难冷”的建盏，显然益于茶汤的温度和香气。

2. 急须

与铫子类似的煎茶用器。北宋·黄裳《龙凤茶寄照觉禅师》有“有物吞食月轮尽，凤翥龙骧紫光隐”、“寄向仙庐引飞瀑，一簇蝇声急须腹”，其有自注：“急须，东南之茶器。”另一类似的是煎茶瓶，所谓“短喙可候煎，枵腹不停尘。蟹眼时探穴，龙文已碎身”（黄庭坚《谢曹子方惠二物二首》）。

图4－3－3　现代日本仍在制造和使用的急须

3. 汤瓶

与急须相比则为长流,用于点茶。

4. 燎炉

也称"方炉",汤瓶煎水用。宋代王安中详记宣和元年一次宫宴的《睿谟殿曲宴诗》序记述:"户牖屏柱,茶床燎炉,皆五色琉璃,缀以夜光火齐,照耀璀璨。"南宋赵藩《海监院惠二物戏答》道:"打粥泛邵州饼,候汤点上封茶。软语方炉活火,清游断岸飞花。"

5. 茶瓯釉色

碧花瓯:王庭珪《好事近·茶》:"黄金碾入碧花瓯,瓯翻素涛色。"

玉瓯:刘挚《煎茶》:"双龙碾圆饼,一枪磨新芽。石鼎沸蟹眼,玉瓯泛乳花。"

冰瓷:谢逸《武陵春·茶》:"捧盌纤纤春笋瘦,乳雾泛冰瓷。"

白薄盏:李廌《杨元忠和叶秘校腊茶诗相率偕赋》:"须藉水帘泉胜乳,也容双井白过磁。"诗下自注:"江南双井,用鄱阳白薄盏点,鲜为上。"即用鄱阳产的白色薄瓷茶盏,点名茶洪州双井,相得益彰。

四、《茶具图赞》

本书成于咸淳己巳年(1269年)由审安老人所作的《茶具图赞》,收录宋代点茶法所用茶具十二种,以拟人的手法称之为"先生",冠以官名,赋以名、字、号,画有形制,并有赞词。其中,姓指材质,名示功能,字为特征,号表形制品性,而以官名所对应的职责来附会茶具功能,赞则叙述其使用时的运行特点。

1. 韦鸿胪

即焙笼。名文鼎,字景旸,号四窗闲叟。

赞曰:祝融司夏,万物焦烁,火炎昆岗,玉石俱焚,尔无与焉。乃若不使山谷之英堕于涂炭,子与有力矣。上卿之号,颇著微称。

其为内置炭火的竹笼,顶有盖,中有隔,用来炙烤茶饼。蔡襄《茶录·茶焙》述:"茶焙编竹为之,裹以箬叶。盖其上,以收火也;隔其中,以有容也。纳火其下去茶尺许,常温温然,所以养茶色香味也。"

此具姓"韦",表明由坚韧的竹制成。"鸿胪"是掌握朝廷礼仪的官员。而"胪"又是"炉"的谐音,隐喻"竹炉"之意。而"火鼎"和"景旸",说明它是生火的茶炉;"四窗闲叟"是说这种茶炉开有四个窗,可用来通风。

赞中所说的"祝融"为火神,含祈祷上苍保佑之意。

宋代实际生活中,还有陶瓷甚至椰壳等多种材质的茶罐、茶盒、茶缶等,用于储藏叶茶和经加工制成的茶粉末。

图 4－3－4　宋《茶具图赞》

2. 木待制

即砧椎。名利济，字忘机，号隔竹居人。

赞曰：上应列宿，万民以济，禀性刚直，摧折强梗，使随方逐圆之徒，不能保其身，善则善矣，然非佐以法曹、资之枢密，亦莫能成厥功。

其为碎茶用具，也即茶槌、茶臼。蔡襄《茶录·砧椎》述：“砧以木为之，椎或金或铁，取于方便。”《全宋词·马子严·朝中措》道：“蒲团晏坐，轻敲茶臼，细扑炉熏。”

将茶饼加工成细而匀的粉末，第一步是将其敲碎，第二步是初碾成末，第三步是精磨更细，最后是筛罗。

此具姓“木”，表明材质为木。“待制”，是一种官职。

3. 金法曹

即茶碾。名研古、轹古，字元锴、仲鏗，号雍之旧民、和琴先生。

赞曰：柔亦不茹，刚亦不吐，圆机运用，一皆有法，使强梗者不得殊轨乱辙，岂不韪欤？

它是用于将茶的碎块初步碾成较粗的粉末。赵佶《大观茶论·罗碾》述：“碾以银为上，熟铁次之。生铁者，非淘炼槌磨所成，间有黑屑藏于隙穴，害茶之色尤甚。凡碾为制，槽欲深而峻，轮欲锐而薄。槽深而峻，则底有准而茶常聚；轮锐而薄，则运边中而槽不戛。”

此具姓“金”，即所用材质是金属。“法曹”为司法机关。

4. 石转运

即茶磨。名凿齿，字遄行，号香屋隐君。

赞曰：抱坚质，怀直心，啖嚅英华，周行不怠，斡摘山之利，操漕权之重，循环自常，不舍正而适他，虽没齿无怨言。

它是用于进一步将茶精磨成适于烹点的更细的粉末。苏轼《次韵董夷仲茶磨》道：“计尽功极至于磨，信哉智者能创物。”

此具姓“石”，表明是用石凿成，而名“凿齿”、字“遄行”十分生动地记叙此具的形状及运作的特点，号则形象地描述茶被磨成精细的粉末时，会散发出香气的情形。至于“转运”，乃是官名。宋初曾设“转运使”，负责一路或数路财赋，也有监察地方官吏的职责。

5. 胡员外

即汤瓢或瓢杓。名惟一，字宗许，号贮月仙翁。

赞曰：周旋中规而不逾其间，动静有常而性苦其卓，郁结之患悉能破之，虽中无所有而外能研究，其精微不足以望圆机之士。

它是用葫芦制作的舀茶器具，外形圆。名“惟一”，源自“一箪食，一瓢饮，在陋巷，人不堪其忧，回也不改其乐”（《论语·雍也》）。字“宗许”，源自“许由者，古之贞固之士也。尧时为布衣，夏则巢居，冬则穴处；饥则仍山而食，渴则仍河而饮。无杯器，常以手捧水而饮之。人见其无器，以一瓢遗之。由操饮毕，以瓢挂树。风吹树动，历历有声，由以为烦扰，遂取损之”（汉·蔡邕《琴操·箕山操》），后世有“许由瓢”之说。贮月仙翁，指当盛有汤水时，月影可以藏于瓢中。

此具姓胡，与“葫”谐音，暗指是由葫芦制作而成。“员外”为官名，统称郎官；同时“员”与“圆”谐音，表示此具为圆形。

6. 罗枢密

即罗合。名若药，字传师，号思隐寮长。

赞曰：机事不密则害成，今高者抑之，下者扬之，使精粗不至于混淆，人其难诸！奈何矜细行而事喧哗，惜之。

它是筛和贮存筛后茶末的盒。蔡襄《茶录·茶罗》述：“茶罗以绝细为佳。罗底用蜀东川鹅溪画绢之密者，投汤中揉洗以幂之。”

此具姓“罗”，表明它是筛子，筛网用罗绢敷成。“枢密”为官名，掌握军国要政，说明茶罗至关重要，有分兵把守、道道把关之意。

7. 宗从事

即茶刷或帚。名子弗,字不遗,号扫云溪友。

赞曰:孔门高弟,当洒扫应对事之末者,亦所不弃,又况能萃其既散、拾其已遗,运寸毫而使边尘不飞,功亦善哉。

它是为配合茶碾磨茶时用来清理碾、磨中遗留于缝隙边角的茶粉末的辅助用具。

此具姓“宗”,是“棕”的谐音,表明为棕丝制成。“从事”为官名,是州郡长官僚属,管一些琐碎杂事。其名“子弗”,“弗”与“拂”谐音,喻其作用是“拂”。号“扫云”,即掸茶之意。其形状和用途由此一清二楚。

8. 漆雕秘阁

即盏托。名承之,字易持,号古台老人。

赞曰:危而不持,颠而不扶,则吾斯之未能信。以其弭执热之患,无坳堂之覆,故宜辅以宝文,而亲近君子。

它是木质雕漆,可以安稳地承载茶盏而免于烫手和倾覆,从而方便拿持,而造型似台,纹饰又颇有古风。

此具复姓“漆雕”,表明由堆漆而雕的工艺制成,外形甚美;“秘阁”,本是藏书之地,宋时有直秘阁官职。名为“承之”,功能在于承载盛茶的茶盏的;字“易持”,指盏托的使用便于茶盏的端持;号“古台”,指形制古雅,从案几抬起升高,就像远古举托建筑的高台。

9. 陶宝文

即茶盏。名去越,字自厚,号兔园上客。

赞曰:出河滨而无苦窳,经纬之象,刚柔之理,炳其弸中,虚己待物,不饰外貌,位高秘阁,宜无愧焉。

它是建窑瓷盏,釉纹美观,质地厚而保温性好,以兔毫最受推崇。蔡襄《茶录·茶盏》和赵佶《大观茶论·盏》都有褒赞。

此具姓“陶”,表明由陶瓷制作而成。“陶宝文”中的“文”通“纹”,表示此物通体有纹。其名“去越”,意思是并非“越窑”所生产;字“自厚”,指壁厚;号“兔园上客”,联系起来,就是指“建窑”所制的兔毫茶盏了。

赞中说的“出河滨而无若窳(指粗糙)”,是誉其外表虽朴拙,却无粗劣之感,而有质朴之美,拙中见秀。

10. 汤提点

即汤瓶。名发新,字一鸣,号温谷遗老。

赞曰:养浩然之气,发沸腾之声,以执中之能,辅成汤之德,斟酌宾主间,功迈仲叔圉,然未免外烁之忧,复有内热之患,奈何?

它是执壶形水注。此具姓“汤”,即烧开的热水;“提点”,是指用来提而点之即注汤点茶。作为官名的“提点”,有“提举点检”之意,行为须准确有据,如点茶须注水落点有准。名“发新”,是能够激发茶的馨香气息和显发新鲜汤色;字“一鸣”,谓煮水时松风鸣响;号“温谷遗老”,其行茶使用时就如同使一切都温暖的山谷,器型的来源又很古老。

蔡襄《茶录·汤瓶》:“瓶要小者,易候汤,又点茶注汤有准。黄金为上,人间以银铁或瓷石为之。”

11. 竺副帅

即茶筅。名善调,字希点,号雪涛公子。

赞曰:首阳饿夫,毅谏于兵沸之时,方金鼎扬汤,能探其沸者几稀! 子之清节,独以身试,非临难不顾者畴见尔。

它是点茶用的茶刷,通过搅击使茶粉末与开水充分交融。此具姓“竺”,表明是用竹制成;名“善调”、字“希点”,表明功能是击点茶汤使之调和的器物;号“雪涛公子”,即以击打出白色沫浡为宜,能够调理出表面似堆雪成波浪起伏般的茶汤。

元代谢宗可《茶筅》诗曰:“此君一节莹无瑕,夜听松声漱玉华。”

12. 司职方

即茶巾。名成式,字如素,号洁斋居士。

赞曰:互乡之子,圣人犹且与其进,况瑞方质素,经纬有理,终身涅而不缁者,此孔子之所以与洁也。

它是方形的揩拭诸般茶具的用物。此具姓“司”,与“丝”谐音,当为丝织物,也有以布、帛、绢制成的;“职方”是掌握地图与四方的官名,茶巾用来擦拭行茶的各种器具,“方”也指其为方形并喻其“端方质素”。名“成式”,有襄助行茶程序符合礼仪的含意;字“如素”,即清洁而洁白如素;号“洁斋居士”,则表明其洁身自好的品性,并有使周遭得以清净的作用。

第四节 景瓷宜陶

明初,“吴中四杰”之一的徐贲某日夜邀友人品茗对饮,乘兴记述道:“茶器晚犹设,歌壶醒不敲。”可见,茶器具是茶饮氛围和饮茶心境的设置所不可缺少的。

缘于团饼贡茶的废除,使得散茶在整个社会大范围兴盛,烹点过程相应趋于简单甚至更多采用直接冲瀹的方式,故而行茶品茗的器皿也随之简化。一方面,是煎茶、点茶必用而泡茶无须的器具随行茶方法的更替演变而渐少以至于退出;另一方面,用内釉洁白的茶盏茶杯来盛放茶汤,显得清新雅致、悦目自然。用异军突起、被誉为紫玉金沙的紫砂陶壶来冲泡出茶的真香本味，使得在总体风格上，茶用器具呈现出一种崇尚自然、返璞归真的趋势，并最终形成此后长领风骚的“景瓷宜陶”的经典组合。

继宋、元代之后，明代更为普遍地使用“汤瓶”（也称“茶瓶”）来煮水瀹茶，而且汤瓶样式也愈见丰富。瓷瓶之外，金属材质的就有锡瓶、铅瓶、铜瓶等。那时的茶瓶多是竹筒形，文震亨《长物志》认为，这种瓶形的好处在于“既不漏火，又便于点注”。也有别出心裁的造型，如：“一口吸尽江南水，庞老不曾明自己，烂醉如泥瞻似天，巩县茶瓶三只嘴”（《颂古联珠通集》）。就使用的合理性来看，这种形制怪异的茶瓶，其摆设的价值更多于实用。

《长物志》记录明宣德皇帝朱瞻基（1398－1435年，在位时间1425－1435年），偏好“尖足茶盏，料精式雅，质厚难冷，洁白如玉，可试茶色，盏中第一”。嘉靖皇帝朱厚熜（1507－1566年，在位时间1521－1566年）则喜用坛形茶盏，时称“坛盏”，其上特别刻有“金箓大醮坛用”的字样。“醮坛”是古代道士设坛祈祷的场所，朱厚熜喜欢这种器型，跟他迷信道教、每天服用“斋醮饵丹药”有关。他经常独自坐上真正的祈祷醮坛，手捧斟满茶汤、果酒的坛盏，一面啜饮一面祈求长生羽化。器物外形与心理追求虽然貌似匹配，但实效并不如愿，年在60他就已驾鹤。

明代的瓷作壶、碗（盏）不但造型美，花色、质地、釉彩、窑品高下也更为讲究，茶器向简而精的方向发展，也多有珍品，釉彩方面如明代宣德宝石红、青花、成化青花、斗彩等皆为上乘茶具。壶的造型千姿百态，有提梁式、把手式、长身、扁身等各种形状，注重便利、典雅或朴拙、奇巧；图案则以花鸟居多，人物山水也各呈异彩。茶盏茶杯则争妍斗彩，百花齐放，又以“白定”茶盏较为贵重，即定窑烧造的白瓷器皿，其上有素凸花、划花、印花、牡丹、萱草、飞凤等纹样。这种茶盏尽管色白光润，却始终“藏为玩器，不宜日用”。其原因在于，明代人泡茶先要用热水烫盏，而白定茶盏的缺点正是“热则易损”。正可谓好看不耐用，所以更适于作为精品玩物来收藏。

明太祖朱元璋（1328－1398年，在位1368－1398年）在统一中国以后的洪武二年（1369年），就在景德镇设立了一个烧制瓷器的陶场即洪武官窑，出品专供宫廷使用。永乐、宣德的青花瓷器，使用了一种名为苏麻离青的进口钴料着色，整体细洁，观感完美。明朝的瓷器很多都有接口，但是官窑的瓷器接口不明显，而民窑的就非常明显。

成化时期（1464－1487年）出现斗彩，即用青花勾线条，然后在上面画五彩制成的瓷器。斗彩瓷器在明清的文人中广受青睐。嘉靖青花采用产于西域一带回青钴料，烧成的瓷器是蓝中带有一种很浓的紫色。回青经嘉靖、隆庆、万历（1521－1620年）三个时期，到万历后期逐渐消失。

一、瀹饮用器

明代茶饮主流为散茶清饮，条形叶茶更易吸水受潮，故而贮茶、焙茶器具比以紧压茶为主的唐宋时期更显重要。

明代高濂《遵生八笺》中列有行茶器具16件和7件备水器具。

1. 商象，即古石鼎，用以煎茶烧水。

2. 归结，即竹扫帚，用以洗涤壶。

3. 分盈，即杓子，用以量水。

4. 递火，即火斗，用以搬火。

5. 降红，即铜火筋，用以簇火。

6. 执权，即茶秤，用以秤茶。

7. 团风，即竹扇，用以发火。

8. 漉尘，即茶洗，用以淋洗茶。

9. 静沸，即竹架，用以支锼。

10. 注春，即瓦壶，用以注茶汤

11. 运锋，即果刀，用以切果。

12. 甘钝，即木砧墩，用以搁具。

13. 啜香，即陶瓷瓯盏，用以品茶。

14. 撩云，即竹茶匙，用以取果。

15. 纳敬，即竹茶橐，用以放盏。

16. 受污，即拭抹布，用以洁瓯。

17. 苦节君，即竹炉，用以生火烧水。

18. 建城，即箬制的笼，用以高阁贮茶。

19. 云屯，即瓷瓶，用以舀水烧水。

20. 乌府，即竹制的篮，用以盛炭。

21. 水曹，即瓷缸瓦缶，用以贮水。

22. 器局，即竹编的方箱，用以收放茶具。

23. 品司，即竹编的圆橦提盒，用以收贮各品茶叶。

其实，与唐、宋茶具相比，明代真正常用于煮水、泡茶、品茗的茶具要简便得多。高濂所列23件茶具，辅助用具居多。明代文震亨《长物志》中说得明白："吾朝……烹试之法……简便异常……宁特侈言乌府、云屯、苦节君、建城等目而已哉！"

明代张谦德《茶经·论器》提到的茶具只有茶焙、茶笼、汤瓶、茶壶、茶盏、纸囊、茶洗、茶瓶、茶炉9件而已。

朱权的特别之处，在于以宋元点茶法的方式和器物来烹试散形叶茶，故而茶器具又会复杂一些。其《茶谱》所列如下：茶炉、茶灶、茶磨、茶罗、茶架、茶匙、茶筅、茶瓯、茶瓶等。

明代的散茶清饮，最为崇尚紫砂或瓷制的小茶壶。文震亨《长物志》云："壶以砂者为上，盖既不夺香，又无熟汤气。"张谦德《茶经》说："茶性狭，壶过大则香不聚，容一、两升足矣。……官（窑）、哥（窑）、宣（宣德窑）、定（窑）为上，黄金、白银次，铜、锡者斗试家自不用。"

明代以后饮用的主要是叶茶，贮茶主要用青花瓷或宜兴紫砂陶的茶罂（盖罐）。形制基本为直口，丰肩、腹下渐收，圈足，造型典雅别致，既美观，又实用。

二、阳羡紫砂

紫砂壶具，普遍认为明代正德年间的龚春为鼻祖，江苏宜兴丁蜀镇为中心产地，也以阳羡、荆溪为名。

图 4－4－1　明紫砂盖罐

在明代，紫砂名匠已然辈出。在万历年间，出现董翰、赵粱、元畅、时鹏四大家，后继则是以时鹏之子时大彬为首的三大壶中妙手，另两位是李仲芳和徐友泉。

烧制紫砂壶的原料是通常深藏于岩石层下且分布于甲泥的泥层之间的矿泥。上海硅酸盐研究所对紫砂矿泥所做的岩相分析表明，紫砂黄泥属高岭—石英—云母类型，含铁量很高。紫砂壶烧制成于高氧高温状况，烧制温度在 1100－1200°C。紫砂原料有紫泥、绿泥和红泥三种，俗称"富贵土"。

1. 紫砂壶的特点

李渔《闲情偶记》中说："茗注莫妙于砂，壶之精者，又莫过于阳羡。"总括来说，紫砂壶有五大特点：

（1）制器用泥经过澄炼，烧成后具有双重气孔结构，孔径微细，密度高。明代文震亨《长物志》有:“茶壶以砂者为上,盖既不夺香,又无熟汤气。”即用紫砂壶沏茶,不失原味且香不涣散,得到茶的真香本味。

(2)透气性能好,用来泡茶不易变味,夏日隔夜不馊。

(3)便于洗涤。久置不用,可以用开水烫泡两三遍或满贮沸水立刻倾出,再浸入冷水中冲洗,即可复原,泡茶仍得本味。

(4)冷热急变适应性强。寒冬腊月,注入沸水,不因温度骤变而胀裂;其砂质传热缓慢,无论提、抚、握、拿均不烫手;且耐烧,文火烹烧,不易爆裂。当年苏东坡用紫砂陶提梁壶烹水点茶,有“松风竹炉,提壶相呼”之句。

(5)紫砂使用越久,壶身色泽越发光亮照人,气韵温雅。紫砂壶长久使用,器身会因抚摸擦拭,变得越发光润可爱,所以闻龙在《茶笺》中说:“摩掌宝爱,不啻掌珠。用之既久,外类紫玉,内如碧云。”但“内如碧云”应是泡茶后对茶垢不加洗涤所致,不利健康而不足取。

2. 紫砂壶的品质判断

紫砂壶品质判断的标准可概括为五个方面,即:泥料、形制、工艺、款识、功能。

一是“泥”:紫砂壶称誉于世的基础性原因,是其原料紫矿泥的优越。一把壶的优劣,首先是泥的优劣,即泥色和质表感觉。泥色应是矿泥天然烧成,不掺颜料染料;表面质感应是触手细而不黏滞,所谓“色不艳、质不腻”。

二是“形”:紫砂壶之形,素有“方非一式,圆不一相”之赞誉。形的评判,就难易程度和境界高低而论,古拙为佳,大度其次,清秀再次,趣味又次。

三是“工”:紫砂壶成型技法十分严谨。点、线、面是构成壶形的基本元素,在紫砂壶成型过程中,其过渡转折都应交代清楚而且流畅。面须光则光,须毛则毛;线,须直则直,须曲则曲;点,须方则方,须圆则圆,都不能有半点含糊。按照紫砂壶成型工艺的特殊要求,壶嘴与壶把要在一条直线上,并且分量要均衡;壶口与壶盖结合要严紧;其流、把、钮、盖、肩、腹等应与壶身整体比例协调。

四是“款”:款即壶的款识。其一是鉴别壶的作者,或题诗镌铭的作者;其二是欣赏题词的内容、镌刻的书画,还有印款(金石篆刻)。紫砂壶的装饰,可以融诗、书、画、印于一体,其文学、书法、绘画、金石诸多方面的中国传统艺术,具有多方面的审美价值。而历来紫砂壶又按人定价,名家名壶更是身价百倍。正如《阳羡茗壶系》所述:“至名手所作,一壶重不数两,价重每一二十金,能使土与黄金争价!”

五是“功”:即壶的使用功能和手感。制壶者有时过于讲究造型的美观,而忽视泡茶的适用性和持壶斟酌的趁手方便,以至于“中看不中用”,有违壶的实用功能要求。其基本要求是:容量适度,高矮得当,口盖严紧,出水流畅及手持稳当舒适。

3. 紫砂壶的保养

紫砂壶的好处之一是能“裹住香气,散发热气”,久用更能激发茶香,呈现温润光泽,用得愈久愈显价值。

日常保养宜注意以下几点:

(1)用完后的紫砂壶必须保持壶内干爽,勿积存湿气。壶内勿常常浸着水,应到要泡茶时才冲水。

(2)放在空气流通的地方,不宜放在闷热处,不宜用后包裹或密封;勿常将壶盖密封,最好宜侧放壶盖。

(3)勿接近油烟或尘埃;勿用洗洁精或其他化学物洗涤剂浸洗,否则会破坏茶味,并使壶表失去光泽。

(4)宜一茶一壶,至少是品质特点相近的茶用一把壶。

三、景瓷宜陶

高濂《遵生八笺》中罗列茶具多达23件,而核心器具只有茶盏和茶壶两种。

明代茶盏,仍用瓷烧制,并推崇白瓷或青花瓷茶盏。张谦德《茶经》曰:“今烹点之法,与君谟不同,取色莫如宣(即宣德窑)、定(即定窑),取久热难冷,莫如官(即官窑)、哥(即哥窑)”,其中官窑、哥窑,则以青瓷为主。

明代茶盏由黑釉渐变为白瓷,而且拥有“甜白”的说法,这揭示了其瓷质趋于洁白细腻,由此跟景德镇的青花和宜兴的紫砂,先是三足鼎立,后逐渐形成“景瓷宜陶”的格局。而在国际贸易的版图上,白瓷也同样让位给了青花。白底青纹的色相和多变的器型,不仅受到北方满族猎人的喜爱,也博得了欧洲君主的青睐。

图4-4-2 明青花茶叶罐

第五节　宫廷气派

清代,缘于制茶工艺的发展,最终全部形成今日所见的各种茶类,即绿茶、红茶、乌龙茶、白茶、黑茶和黄茶这六大基本茶类。其饮用方式,仍然沿用明代的直接冲泡法。故而,清代的茶具无论是种类和形式,均以继承明代人规范为主。在景瓷宜陶居于主流的格局下,文人参与茶具形制的设计和装饰内容的创造,直接导致其艺术审美品位的提升和含意的丰沛,使得传世精品迭出不穷。

清代的茶盏,以首见于康熙并于雍正、乾隆时盛行的盖碗最负盛名。

宜兴紫砂茶具,技艺和款式又有新的发展。进入清代后,由于文人与艺匠的密切结合,创造出多姿多彩的精湛紫砂茗壶和仿生制品;还有一种"宜钧"器,以紫砂胎施仿钧釉,可与石湾窑变釉陶相媲美。

此外,自清代开始,福州的脱胎漆茶具、四川的竹编茶具、海南的生物(如椰子、贝壳等)茶具也开始出现,自成一格,逗人喜爱。锡制茶壶在当时广受欢迎,仅次于窑器,其优点在于不易磕裂或碰碎,易于保管。清代茶叶罐仍以瓷与紫砂器为主,形制多样,有方形、圆形、花瓣形等。总体来看,清代茶具的异彩纷呈,是这一时期的重要特色。

东风西渐是清代茶具历史的另一现象。根据海牙博物馆收藏的荷兰东印度公司档案记载,捷达麦森号是1752年1月3日(清乾隆十六年十二月十八日)在南海触礁沉没的。当时船上装有"茶叶686 997磅,瓷器17大类151 200件",其中属于饮茶用的有茶壶和带托盘茶杯。这表明在17世纪中叶,我国陶瓷器的输出是随着东印度公司把大量茶叶运往欧洲而促成的。而荷兰德夫特(Delft Ware)陶瓷业也就是为了满足西方人饮茶的需要而兴起的。小小的青花瓷壶正是品茗风尚影响西方的一个物证,更可使人看到康乾之世的东风西渐对世界文明的积极影响。

一、斗量鉴水

乾隆皇帝弘历曾特制一个银斗,用它来品鉴天下之水。其基本观念是以水质的轻重来判断水质的优劣。而他所得出的结论是北京的玉泉水为天下第一,其次是长江畔的中泠水,再次是惠泉、虎跑泉水。传说,弘历经常巡游,随身所携带的玉泉水经车船颠簸,色味难免发生变化。他别出心裁地用所到之地的泉水来洗——两水相混,搅后静置,因它处水重,就带污浊下沉;而玉泉水轻,就上浮而清澈,舀出存放待用。所谓以水洗水,更多的是坊间饭后茶余的谈资。而这个银斗,却是个特殊的茶器了。

二、瓷陶辉映

瓷质茶器的釉彩，突破明代以饱和原色红、蓝、黄、绿、绛、紫等为主的做法，创造了多达几十种如豇豆红、郎窑红、天蓝釉、豆绿、果绿、孔雀绿、芥末绿、淡黄、鳝鱼黄等的间色釉，其中著名的豇豆红，就还有美人醉、桃花片、娃娃脸、大红袍、正红等变化，形成的装饰效果更为独特。作为彩绘基础的白色地釉，已可以纯熟地烧造出高品质、浓淡不一的牙白、鱼肚白、虾肉白等色，为彩釉器的飞速发展提供了可靠的前提。而戗金、炙金、描金、泥金、抹金、抹银等装饰工艺的运用，使得花色目不暇接。特别是康熙时期珐琅彩瓷的创烧，标志着一代极品的诞生。精瓷茶具，多由江西景德镇生产，那时，除继续生产青花瓷、五彩瓷茶具外，还创制了粉彩，并为宫廷珐琅彩瓷茶具提供坯胎。

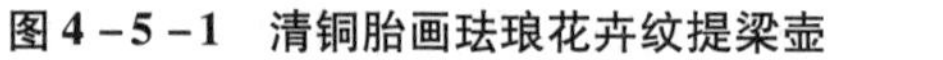

图 4-5-1　清铜胎画珐琅花卉纹提梁壶

图 4-5-2　清珐琅彩花卉描金塔形瓷壶

康熙年间（1662－1722 年），宜陶名家陈鸣远制作的梅干壶、束柴三友壶、包袱壶、番瓜壶等，集雕塑装饰于一体，情韵生动，匠心独运。制作工艺，穷工极巧。乾隆（1736－1795 年）、嘉庆（1796－1820 年）年间，宜兴紫砂推出了以红、绿、白等不同石质粉末施釉烧制的粉彩茶壶，使传统砂壶制作工艺又有新的突破。嘉庆年间的杨彭年和道光、咸丰年间（1821－1861 年）的邵大亨制作的紫砂茶壶，当时也是名噪一时，前者以精巧取胜，后者以浑朴见长。尤其是“西泠八家”之一的陈鸿寿集紫砂壶艺形制之大成，设计了的“曼生十八壶式”，由杨彭年、杨风年兄妹制作，待泥坯半干时，再由陈曼生用竹刀在壶上镌刻文或书画，非常耐人寻味。这种文人设计、工匠制作再由文人以壶为纸、竹刀为绘的“曼生壶”，为宜兴紫砂茶壶开拓了新的创作方式,增添了更有情趣的雅味清韵。

三、盖碗

盖碗又称焗盅,首见于康熙时期并于雍正、乾隆朝时期盛行。清代之前承托茶盏的茶托子,在此已简化为与今无异的盖碗之托,并加了盖。盖呈碟形,有高圈足状钮作提手之用;碗是大口小底,有低圈足;托为中心下陷的一个浅盘,其下陷部位正好与碗底相吻合。盖、碗、托三位一体,盖利于保洁和保温,且易凝聚茶香;碗敞口利于注水,敛腹利于茶叶沉积,且易泡出茶汁;托利于防止茶水溢出,又利于隔热。

品茶时,一手把碗,一手持盖,一边以盖拨开漂浮于水面的茶叶,一边细品香茗,给人以稳重大方、从容不迫的感觉。使用盖碗又可以代替茶壶泡茶,可谓当时饮茶器具的一大改进。

四、潮州工夫茶具

清中期以后,传统工夫茶转移到广东潮州、汕头一带,逐渐形成所谓“烹茶四宝”之称——潮汕风炉、玉书碨、孟臣罐、若深瓯。潮汕风炉是小型粗陶炭炉,用以生火;玉书碨是高柄长嘴的瓦陶壶,即砂铫,用以烧水;孟臣罐是小容量紫砂或朱泥壶,用以泡茶;若深瓯是小茶杯,用以饮茶。完整的潮州工夫茶具,如下所述:

1. 茶壶

俗称“冲罐”。清代中叶之前,惯用宜兴硃砂泥制者,推崇“孟臣”、“铁画轩”、“小山”等;之后,潮州朱泥壶与宜兴紫砂壶并用,并逐渐偏重于前者,其去盖覆扣,流嘴、壶口、把柄上缘皆平而成一直线,谓之“三山平”,为壶型品质上乘的标志。

冲罐形制,宜小不宜大,视饮茶人数有两人罐、三人罐、四人罐;宜浅不宜深,浅能发味、留香、汤出尽。款式多选瓜形、柿形、梨形、鼓形、梅花形,小如橘、大如蜜柑。

壶垫,或称壶承,形如盘而小,上置冲罐,承受沸汤,夏垫宜浅,冬垫宜深以利保温。垫底衬毡,秋瓜络制为上,软木可代。泡茶若用双层茶盘(船),冲罐直接置于上层,壶垫可省。

2. 盖瓯

形如仰钟,上有盖,下衬垫。特点是出汤快、去渣易,尤其客多场合,可代冲罐用。但其口敞易散香,潮州人视为权宜之用,不作常规使用。

3. 茶杯

推崇“若深”款,白地蓝花,底平口阔。也选用直径不足一寸的白瓷小杯,壁薄如纸,色洁如玉,所谓不薄不能起香,不洁不能衬色。

4. 砂铫

俗称“茶锅仔”。用于盛水而煮。

5. 红泥小炉

通风束火，用以煮水。通常高六七寸，也有高二尺余的“高脚炉”，下半部设格用以盛榄核炭或木炭。

配合使用有三件：藤暖盒，用于贮炭；炭夹，用于夹取榄核炭或木炭；羽扇，鹅毛制，俗称“风炉扇”。

6. 茶盘

又称茶船，双层，可方可圆，上置冲罐与茶杯以行茶。

7. 水钵

多瓷质，用以贮水，置于茶几茶桌，配以竹制水杓或椰瓢。也可用热水瓶替代。

8. 茶洗

形若大碗，常备一正二副。正洗用以贮浸茶杯，副洗一用以贮浸冲罐，二用容纳茶渣和弃水。

9. 锡罐和纳茶纸

专茶专罐，名贵有加。纳茶纸，返璞归真而颇有古意的投茶用具。

第六节　日本茶具简介

茶用器具的形制与选择组合，决定于行茶的方式、茶事的策划和约定以及茶艺担当者的茶学素养、审美取向和个人爱好。

现代茶用器具姿采丰富，以行茶时器具的使用功能分类为依据，可将茶用器具分成备水器具、泡茶器具、品茗器具和辅助用具四类。其叙述详见本书第三单元《茶饮服务》相关小节。

同时，现代茶饮方式无论是个人品茗还是大小茶事活动，都有众多的选择。以行茶功能需求和品茗环境创设要求而言，了解各区域、各民族以至于各国的涉茶器物的形制和用途，很有必要。日本茶道显然具有一定的价值，在“他山之石”的意义上在此稍作介绍，内容和叙述方式主要取自英文版的表千家流相关资料（《日本茶文化之表千家传统》(Japanese Tea Culture：The Omotesenke Tradition)。

一、茶之汤的道具

用作茶之汤道具的物品多种多样，既有制于久远年代的也有现代的。不管产于何时，茶道具总是按照美术与工艺的高标准来选择。这样的做法，有助于保留始自利休的茶道具传统，最好的例证就是相关于千家的工坊——“千家十职”。

二、部分茶道具

图4-6-1 日本茶道具

1. 挂物

挂物布置于茶室的床之间，用于点明当天的茶会主旨主题。正缘于此，它是茶室中最重要的道具之一。挂物的内容有多种，但总的可以分成两类：绘画和书法。

茶室中使用的绘画有墨绘和莳绘两种；而使用的书法，有中国高僧所作、有日本禅僧所作，还有自江户时代以来家元所作的墨迹。许多中国高僧的墨宝是极为珍贵的精神寄托之物，所以都装裱于昂贵的进口绣品上。另一种书法是绘画题款，由作者或后来的拥有者在画上所书写的一首诗或训诫；也有著名的歌者、公卿和贵族武士所手书的和歌墨迹。

2. 釜和风炉

行茶所需热水，由燃炭加热铁釜来准备。惯用语“摆上一只釜”，事实上在茶文化中成为一种款待客人的婉转用语。由此可见釜在茶道具中的重要性。

从茶之汤的角度，按照釜的加热方式一年分为两季。十一月到五月，釜是用嵌入榻榻米覆盖的地板的“炉”来加热的；而一年中的另一半，加热釜的“风炉”，是直接摆放在茶室地板面上的。

一般来说，大釜用于冬季，而相对较小的釜则用于夏令。用炉的时候，以方形木"炉缘"隔离釜的热量、保护榻榻米铺席,其按照茶室尺寸和时令又有许多种;夏令也有同样多种的风炉,如铁制、铜制和上漆的陶土制作的。

3. 花入

花入用于展示茶室壁龛里的鲜活插花,或摆放在床之间的地板上,或挂在床之间里的墙钉上,或悬于系在床之间天花的链上。它由金属、陶瓷、竹、编织或其他多种材质制成。

许多金属花入,是从中国进口的古铜瓶,常称为"唐铁"花入。青瓷、白瓷等也是常见的烧结物花入,称为"石制品"。陶制花入来自伊贺的濑户,称为"土制品"。

常见的还有竹制花入,尤其是一重切样式的,即在竹筒切出单孔。这样的花入通常挂在床之间内的钉子上。更长的二重切和三重切花入以同样的方式应用。当竹制花入摆放在床之间地板上时,其下垫以圆形木盘。

一般而言,竹制花入由习茶者做,他们自己切割和雕刻,或委托工匠切割出基本形状。器物名(铭)或制作者姓名(花押)缩写常漆书于花入背面。

4. 茶碗

用于为客人准备抹茶的茶碗,形制多样,其中最流行的是乐陶碗,由利休设计并委托乐长次郎烧制,乐家将这一传统传承至今。另一流行的永乐烧陶,自利休时期就制作"土风炉"(陶风炉),并在十九世纪初,在了全(1771 - 1841 年)手里开始制作茶碗。往后历代都制京都器。第二代的保全(1795 - 1854 年),尤以京都东山区技艺高超的工匠之名而驰誉。

京都城内和郊外制作的陶器泛称"京烧",首称于十七世纪江户初期。仁清(十七世纪末)、乾山(1663 - 1743 年)和古清水窑都是华丽的京都陶之范本。十九世纪初,活跃的京都制陶家有青木木米(1767 - 1833 年)、仁阿弥道八(1783 - 1855 年)和前文述及的永乐保全。

"京烧"之外,全国各地都出陶,最为著名的有荻、唐津、濑户和美浓。

日本群岛烧制的陶器,日文称为"和物"或"和物茶碗";与和物相对应的、产于中国的陶制品称为"唐物",意思是中国的产物;而产于朝鲜半岛的则称为"高丽物"。

手工制作的茶碗,普遍见于茶之汤文化中,即那些习茶者自制的而用于茶会中的茶碗。例如,千家历代宗匠,用乐家的黏土和釉,在乐窑里烧制他们的茶碗。

5. 茶器

茶器,是茶席上盛放抹茶器皿的总称,其可分为两种类型:用于浓茶和薄茶。装浓茶的茶器概称茶入,一般是陶土为罐、象牙为盖。它们保存于银线扎口的袋子中,多用从中国、中东或其他地区进口的织物制成。用于薄茶的茶容器有许多种类,最具代表性的称为"枣"。枣是用木料制成的,以黑漆或莳绘技艺来装饰。

6. 茶杓

这个匙形器具用于从茶容器中舀取抹茶粉，材质多样，有竹、木或象牙制的，但最多的还是中间有节的竹制茶杓。据说其形制为利休所赏识。千家历代家元都依利休所创知的“中节的茶杓”样式为基准来刻制。

茶杓装入有个木塞的竹制小盒。通常，盒上写有制作者的名字和签字。

7. 水指

水指，用来盛装茶会过程所需要的水。水用于清洁茶碗，补充釜中沸水和调整蒸腾的水汽。水指几乎可用各种材料制成，包括木、竹、金属、瓷和高、低温陶。

8. 棚物

棚物用于摆放和展示水指、茶容器和某形式茶会所用的其他器具。正规形制的棚物有四柱，称为“台子”。有多种样式，宽泛地可分为大小两类。

9. 建水（弃水盂）

该器具用于接纳点茶过程中使用过的或其他不要的水。金属容器、陶制器皿和圆木盂都有使用。

10. 香盒和炭道具

当客人刚进入茶室的时候，作为主人的亭主在炉或风炉中放入炭，并燃香于热炭之上。用于装香的盒子，可以用陶、木或漆器等多种材料制成。

第五章　茶饮功能与茶席设计

茶，是饮料的一种，其基本功能是解渴和提神醒脑。在各类饮料中，茶在人文传统的蕴含和道艺追求的形式上表现出它的与众不同。现代社会的理念，又使人们关注并持续地研究茶的主要内含物质茶多酚等对人类身体健康的直接作用并有丰富的成果。

然而，有必要认识到，以饮茶为契机，可以引导人们情绪稳定、身体舒畅从而调适身心。在医学及心理学方面的研究表明，这种调适有助于提升人们的免疫力及身心的适应能力，其健康效应虽暂时难以量化却应予足够的重视，而不宜只将眼光局限于营养和药效。

此外，民间生活习俗中，颇有一些以茶入药、以茶调理的对身体健康有良好作用的做法，在进一步了解其科学机理的前提下，值得继承。

茶饮益于人体健康的功能，可以主要通过合理饮茶来实现；而茶饮在人文与审美情趣上的作用，则很大程度上有赖于品茗环境等外在条件的创设，其中，茶席的设计和摆布可以是施行方便而切实有效的途径之一。

第一节　饮料分类

一、饮料的概念

凡是经加工制成的适于供人饮用的液体即为饮料，尤指用来解渴、提供营养或提神的液体。清末民初的徐珂，在他的前人笔记集《清稗类钞·饮食》中，收录了当时人们对饮料的认识："茶、酒、汤、羹、浆、酪之属，皆饮料也。"饮料除提供水分外，因含有糖、酸、乳以及各种氨基酸、维生素、无机盐等营养成分，因此有一定的营养价值。而像茶这样的饮料，因含有茶多酚等物质，还具有对人体健康状态的调理作用。

二、饮料的分类

按是否含有酒精为依据，饮料分为含酒精饮料即硬性饮料（Hard Drink）和非酒精饮料即软性饮料（Soft Drink）两大类。酒精饮料系指乙醇含量在0.5%～65%（v/v）的饮料，包括各种发酵酒、蒸馏酒及配制酒。非酒精饮料指乙醇含量小于0.5%（v/v）的饮料，包括果蔬汁饮料类、蛋白饮料类、包装饮用水类、茶饮料类、咖啡饮料类、固体饮料类、特殊用途饮料类、植物饮料类、风味饮料类及其他饮料。

另外，按照物理形态，饮料可分为固体饮料和液体饮料；按照是否含有二氧化碳，可分为碳酸饮料和非碳酸饮料。

第二节　非酒精饮料

非酒精饮料，是不含或基本不含酒精的、解渴提神的饮料。它是经稀释或不经稀释、冲泡饮用或直接饮用的饮料，常见的有茶、咖啡、可可、牛奶、饮用水、果蔬汁、汽水等；其中，茶、咖啡和可可并称世界三大非酒精饮料。

1. 咖啡（Coffee）

咖啡发源于非洲，“Coffee”一词，源自埃塞俄比亚的一个名叫卡法（Kaffa）的小镇，在希腊语中“Kaweh”的意思是“力量与热情”。咖啡树属茜草科常绿小乔木，日常饮用的咖啡是用咖啡豆配合各种不同的烹煮冲泡器具制作出来的，而咖啡豆是以咖啡树果实内之果仁即种子为原料，适当烘焙而成。

图5－2－1　咖啡树

古时候，是阿拉伯人最早把咖啡豆晒干，熬煮后把汁液当做有助于消化的胃药来喝。人们后来发现咖啡还有提神醒脑的作用，同时限于伊斯兰教严禁教徒饮酒的规定，于是就用咖啡取代酒精饮料，当做提神的日常饮料。15世纪以后，到圣地麦加朝圣的穆斯林陆续将咖啡带回居住地，使喝咖啡的习俗渐渐传播到埃及、叙利亚、伊朗和土耳其等国。咖啡进入欧陆，缘于土耳其当时的奥斯曼帝国的武力扩张，其大军西征欧陆且在当地驻扎数年之久，在最后撤离时留下了包括咖啡豆在内的军用补给品，维也纳和巴黎的人们得以凭着这些咖啡豆和从土耳其人那里得到的烹点经验，从而发展出欧洲的咖啡文化。《打开咖啡馆的门》一书在描述欧洲人的咖啡生活时引用了广为流传的一句话："我不在家，就在咖啡馆。不在咖啡馆，就在去咖啡馆的路上!"

咖啡的饮用，通常是将咖啡豆磨成粉、以各种器具或机械用水煮泡制作成热饮而用的。

品尝咖啡时，可从各方面的因子来分辨和感受，简述如下：

(1)风味(Flavor)：对香气、酸度与醇度的整体印象。

(2)酸度(Acidity)：所有生长在高原的咖啡具有的酸辛强烈的特质。酸辛与苦味(bitter)、发酸(Sour)不同，与酸碱值也无关，它是指促使咖啡发挥提振心神、涤清味觉等功能的一种清新、活泼的特质。在良好的条件及技巧下所煮泡出的酸度清爽的特殊口味，是高级咖啡的应有格调。

(3)醇度(Body)：饮用咖啡后，舌头留有的口感。醇度的变化可分为清淡到如水到淡薄、中等、高等、脂状，甚至有如糖浆般的浓稠。

(4)气味(Aroma)：咖啡调配完成后所散发出来的气息与香味。用来形容气味的词包括焦糖味、炭烤味、巧克力味、果香味、草味、麦芽味等。

(5)苦味(Bitter)：苦是咖啡的一种基本味觉。深度烘焙的苦味是刻意营造出来的，但常见的苦味发生原因，是咖啡粉用量过多，而水太少。

(6)清淡(Bland)：生长在低地的咖啡，口感通常相当清淡、无味。咖啡粉分量不足、而水太多的咖啡，也会造成同样的清淡效果。

(7)咸味(Briny)：咖啡冲泡后，若是加热过度，将会产生一种含盐的味道。

(8)泥土的芳香(Earthy)：通常用来形容辛香而具有泥土气息的印尼咖啡，并非指咖啡豆沾上泥土的味道。

(9)独特性(Exotic)：形容咖啡具有独树一帜的芳香与特殊气息，如花卉、水果、香料般的甜美特质。

(10)芳醇(Mellow)：用来形容中酸度平衡性佳的咖啡。

(11)温和(Mild)：用来形容某种咖啡具有调和、细致的风味，用来指除巴西以外的所有高原咖啡。

(12)柔润(Soft)：形容像印尼咖啡这样的低酸度咖啡，亦形容为芳醇或香甜。

(13)发酸(Sour)：一种感觉区主要位于舌头后侧的味觉，是浅度烘焙咖啡的特点。

(14)辛香(Spicy):指一种令人联想到某种特定香料的风味或气味。

(15)浓烈(Strong):形容各种味觉成分的多寡,或指咖啡与水的冲泡比例。也用来形容深度烘焙咖啡的强烈口味。

(16)香甜(Sweet):似水果味,也与酒味有关。

(17)狂野(Wild):形容咖啡具有极端的口味特性。

(18)葡萄酒味(Winy):水果般的酸度与滑润的醇度,所营造出来的对比特殊风味。肯亚咖啡便是含有葡萄酒风味的最佳典范。

咖啡生豆通常须经烘焙才用来研磨和煮泡,一般烘焙有浅、中、深和特深等程度之分。咖啡的加工方式也会影响咖啡的风味、酸度和醇度。现主要有三种:水洗法、半水洗法和自然干燥法,对应于不同地区、气候、咖啡豆的种类等因素而采用不同的加工方法。

咖啡的煮泡器械与适用情况介绍如下:

(1)虹吸壶(Syphon):咖啡馆最常用的煮咖啡的用器。适用于略带酸味、中醇度的咖啡。有人认为,它能萃取出咖啡中最完美的部分。

(2)摩卡壶(Moka Pot):摩卡壶基本原理是利用加压的热水快速通过咖啡粉萃取咖啡液,最早由意大利人 Alfonso Bialetti 在 1933 年制造,在欧洲使用比较普遍。咖啡粉采用中细粒度,装满粉槽,装粉的时候适当振动粉槽让咖啡粉均匀分布,装满以后,用手指轻轻按压表面,使粉更密实一些。

(3)比利时皇家咖啡壶(Balancing Syphon):兼有虹吸式咖啡壶和摩卡壶特色的比利时壶,演出过程充满跷跷板式的趣味。整个调煮过程有如上演一出舞台剧的咖啡器,因为炫目华丽的外表,加上噱头十足的操作乐趣,大大增加了咖啡感性浪漫的分数。这种美轮美奂的咖啡萃取过程,加上其本身就是一件精美绝伦的艺术品,这使其兼具实用性、观赏性和收藏性于一身,是任何其他咖啡壶都无法比拟的。当咖啡与比利时壶一起共舞时,便是整晚最明亮的部分。

(4)法式压滤壶(French Press):简称法压壶,是一种同时具备冲茶器功能的咖啡壶。原理是用浸泡的方式,通过水与咖啡粉全面接触浸泡的焖煮法来释放咖啡的精华。适用咖啡浓淡口味均可,但要求研磨程度呈粗颗粒状。浸泡过程若时间较长会萃取过渡,释放较多苦味、涩味和杂味,使咖啡口感稍逊。

(5)电动式咖啡机:常见有美式咖啡滴漏机、意大利式蒸汽咖啡机。美式滴漏咖啡机适合中度或偏深度烘焙的咖啡,研磨颗粒略细,口味偏苦涩。用意式蒸汽咖啡机冲泡的咖啡比较浓,温度也比较高,口味比美式滴漏机冲泡的咖啡要重。家用的意式咖啡机往往还带着一支打奶泡的嘴,用来做卡布奇诺;另外往往还有将杯子温热的功能,以免凉的杯子盛咖啡使其口感变差。

2. **可可**(Cocoa)

可可树,属梧桐科小乔木,发源于美洲。其最大的形态特点是"老茎生花"和"老茎结果",花直接开在树干上,果也直接结在树干上,花小而果实大,椭圆型果重达1千克左右,每株可可树可结60~70个果子,一个果子内有种子(即可可豆)30~50粒。可可豆含有的可可脂,在常温下是固体,但一到37℃就开始融化,而人体口腔温度是37.5℃,故而用可可脂制造的巧克力,有"只融在口,不融在手"的赞美用词。以可可豆为原料通过发酵和焙炒所制作的可可粉和可可脂是制作巧克力的主要原料,加水溶化并添加奶液可作饮料。

图5-2-2　可可果实

古代中美洲,玛雅人和阿斯特克人食用可可豆的历史长达数千年,而且还以它为药,用以治疗发热、咽喉痛、哮喘、心悸和发炎等病症。

3. **茶**(Tea)

茶树(Camellia Sinensis),多年生常绿木本叶用植物;起源于亚洲,原产于以云贵川为中心的中国西南地区。

茶叶,是用茶树的营养器官叶子为原料制作的,茶叶又因茶树品种而不同。茶树的种类,以外部形态分为乔木、小乔木、灌木;以春季发芽时间分为早生种、中生种、晚生种、清明早、不知春和瞌睡茶等;以品种产地分为鸠坑种、祁门种、宜兴种等;以品种叶形分,分为柳叶种、瓜子种、槠叶种、皋芦种等;以叶片大小分为大叶种、中叶种、小叶种等。就制茶而言,通常中小叶种归为一类;以芽叶或叶片色泽和茸毛多少分为紫芽种、白茶、白毛茶等;以新育成茶树品种的单位或地名加编号命名,分为龙井43号、浙农12号、福云6号、安徽3号、台茶12号等。

茶叶的种类，除以采制工艺和品质特点为依据划分的基本茶类和再加工茶类外，还有以形状和某个加工环节的程度轻重为依据来命名的，其缘由在于，茶叶的形态和加工工艺对其风味（Flavor）呈现及相应的冲泡形式和要素调节都有影响。

4. 其他非酒精饮料

蔬果汁（Juice），以蔬菜、水果为原料，压榨出汁制成，通常富含维生素和植物纤维。

非茶之茶（Herbal Drink），用于保健的以草本茎叶而非茶树叶为主要原料制成的饮品，如人参茶、罗布麻茶、桑茶、柿叶茶、杜仲茶、甜叶菊茶、凉茶等，其中以凉茶的饮用地域和普及程度更为广泛。

凉茶，为中草药植物性保健饮品，以广东凉茶为代表。凉茶历史悠久，据史料表明源自东晋道学医药家葛洪。它以传统中医原理为依据，将药性寒凉和能消解人体内热的中草药伍配煎水而成，用来消除夏季人体内的暑气，以及治疗冬日干燥引起的喉咙疼痛即所谓“上火”等疾患。凉茶对于南方地域尤其是我国广东人而言，其价值可说是“生命源于水，健康源于凉茶”。但是，凉茶也并非普遍适用，体质偏寒凉的人不宜多饮，孕妇和儿童也不宜喝。

第三节　合理饮茶

茶饮常常作为一种精神和蕴含艺术意味的嗜好而为人们所欣赏，然而它对于身体健康的益处实为精神愉悦的必要前提。因此，茶饮的目的，在于建立一种既益于健康又充满精神和审美愉悦的生活方式。

一、茶的营养与药用成分

（一）茶叶的营养成分

茶叶中的营养成分主要有蛋白质、糖类、类脂、多种维生素和微量元素。

营养物质的作用，一是提供生命活动的能量，二是提高人体器官的健康水准。

总体而言，茶叶是一种低热能食物。相对而言，各类茶中，绿茶的热能和生热营养含量最高；原料品质越好，热能越高。但是，茶叶中的生热营养素碳水化合物、蛋白质和脂肪，多半不溶解于水，所以，冲泡饮用对茶叶热能的利用是微乎其微的。

茶氨酸属于蛋白质，是茶叶特有的内含物质，它是形成茶叶风味的主要成分之一。各类茶中，主产于福建的白茶的茶氨酸含量最高，绿茶和红茶次之；比较特别的是绿茶中的安吉白茶，因其特殊的生态环境和生物合成机理，茶氨酸含量特别高，达到一般绿茶的两三倍。

茶叶中含有丰富的维生素，其中水溶性的维生素 C 和 B 可全部溶解，脂溶性的维生素 A、D、E 和 K,则不能通过冲泡饮用获得。对人体而言,维生素 C 的生理功能非常重要,可以促进对铁的吸收,防治坏血病,提高免疫力。含量较为丰富的维生素 B,能调节新陈代谢,维持皮肤和肌肉的健康,增进免疫系统和神经系统的功能,促进红细胞的产生,预防贫血发生。

所谓微量元素,是占人体总重量的 0.01% 以下的元素,如铁、锌、铜、锰、硒、氟等。茶叶所含微量元素中,硒对人体具有抗癌和保护心肌等重要功能,氟则有保护骨骼和牙齿的作用。饮茶补硒是简单易行的办法,在湖北恩施、陕西紫阳等地出产的“富硒茶”,尤有良效。低氟地区人们易患龋齿,有资料表明,儿童经常饮茶可使龋齿减少 60%。

(二)茶叶的药用成分

茶叶对人体健康的作用,主要有两种研究方法,其一,是传统中医的方法,着眼于整体意义上茶的调理功效,但也有一些茶品用来有针对性地治疗某些疾病;其二,是现代医学(主要是西方医学)的方法,着重研究茶叶中具有药效的成分的作用。目前,后者研究且成果较多的茶叶有效成分主要有:茶多酚、茶色素、茶氨酸、生物碱、脂多糖、维生素和矿物质等。然而,从饮用的角度看,只有溶解于水的茶叶成分,才具备对人体的药用价值。

茶在中国、最初引入日本和西方,都源于其药用价值而受到人们的赞赏。约八百年前,日本禅僧荣西(1142 – 1215 年)在他所撰的《吃茶养生记》里写到,茶确实可用以增强内部器官和延年益寿。其实,感觉清醒、舒缓眼痛和总体上的轻快感,伴随饮茶而生是源于咖啡因。僧侣饮茶以保持打坐时的警醒,而饮茶习惯也最终由庙宇传入世俗社会。至于《吃茶养生记》所提到的延年益寿,为现代科学所证实其主要是茶多酚的功效。以自然形式存在的茶多酚,在绿茶里含量最高。

在茶中发现的另一种化合物是维生素 C。绿茶中的维生素 C 不会被热量降解,所以能够在热饮时吸收。这种形式和数量的维生素 C 只在绿茶中发现,在红茶中很少。

1. 传统中医的观念

《本草拾遗》记述:“诸药为各病之药,茶为万病之药。”其中的寓意是:茶的适量常饮有益于身体健康,可以祛除各种病症。

中医认为茶叶味苦甘凉,有生津止渴、清热解毒、消食止泻、清心提神等功效,因而具有一定的药用价值。

《神农本草经》记述:“茶味苦寒……久服安心益气……轻身耐老。”

宋代欧阳修《茶歌》赞道:“论功可以疗百疾,轻身久服胜胡麻。”

明代屠本峻《茗芨》赞道:“浅之涤烦消渴,妙至换骨轻身。”

茶叶作为药用在古医书上早有记载,很多方剂中都把茶叶作为一味药,做成散剂、汤剂、丸剂，用以治疗感冒头痛、痢疾、霍乱、伤寒、咳喘、疖肿、便血、眼疾等，都有很好的疗效。

中医讲究的是辨证施治，即便貌似相同的外在症状，也会因体质和诱发因素的不同，而采取不同的医疗方法。换言之，接受中医观念而适用的以茶养生或治病，应该以把握各人的体质特点和当时的身体状态为前提，尤忌断章取义，贸然施行。

2. 现代医学的试验

茶多酚是全天然的抗氧化成分，具有抗氧化能力强、无毒副作用、无异味等特点。

茶多酚和脂多糖等成分，可以吸附和捕捉放射性物质，与之结合后排出体外。

茶多酚、脂多糖、维生素 C 有明显的抗辐射效果，可用于缓解放射性损害。

茶叶所含丰富的胡萝卜素，摄入代谢可合成视紫素以保护视力。

咖啡因和茶碱，通过扩张肾脏微血管，起到利尿保肾作用。

茶色素、茶多酚可以降低血液中胆固醇和甘油三酯的含量，减少脂质在血管壁的沉积，具有预防动脉粥样硬化、降低血压、稀释血液、抗凝溶栓等保健防病功能。

维生素 C 可以降低血液中的胆固醇和中性脂肪。当过多摄入动物性脂肪时，应及时喝茶，以迅速消除血管中的胆固醇，即通常所谓“降脂解腻”。同时，其净化、软化血管的作用，可以使血管处于血液畅通、管壁干净、管道柔韧的状态，防止发生动脉硬化和高血压等病症。

茶叶所含矿物质的碱性成分较高，具有较强的助消化、分解、消除脂肪的作用。

抽烟时，体内的维生素 C 消耗大，有害成分尼古丁可使血管收缩，喝茶一方面可补充维生素 C，另一方面可促进血液循环来抑制尼古丁的影响，多喝茶是降低烟草危害的有效方法。

喝茶可加快血液循环，使酒精能快速从尿中排出。茶中的多酚类物质和维生素 C 可帮助肝脏解毒，减轻肝脏负担，咖啡因可兴奋大脑神经，使思维条理清楚，功能正常。

另外，茶叶还具有防暑、解毒、恢复视力、抗癌等功能，并被确认对高血压、心脏病、感冒和结肠炎有一定疗效。

（三）茶饮误区

1. 浓茶“醒酒”

有人认为，酒后喝浓茶，有“醒酒”作用，这是一种误解。

因为人们饮酒后，酒中的乙醇经过胃肠道进入血液，在肝脏中先转化为乙醛，再转化为乙酸，然后分解成二氧化碳和水经肾排出体外。

而酒后饮浓茶，茶中咖啡因等可迅速发挥利尿作用，从而促进尚未分解成乙酸的乙醛（对肾有较大刺激作用的物质）过早地进入肾脏，使肾脏受损。

2. 品新茶“心旷神怡”

新茶是指摘下不足一月的茶，这种茶形、色、味上乘，品饮起来确实是一种享受。但因茶叶存放时间太短，多酚类、醇类、醛类含量较多，如果长时间饮新茶可出现腹痛、腹胀等现象。同时新茶中还含有活性较强的鞣酸、咖啡因等，过量饮新茶会使神经系统高度兴奋，可产生四肢无力、冷汗淋漓和失眠等“茶醉”现象。

3. 饮茶会使血压升高

茶叶具有抗凝、促溶、抑制血小板聚集、调节血脂、提高血中高密度脂蛋白及改善血液中胆固醇与磷脂的比例等作用，可防止胆固醇等脂类团块在血管壁上沉积，从而防止冠状动脉变窄，特别是茶叶中含有儿茶素，它可使人体中的胆固醇含量降低，血脂亦随之降低，从而使血压下降。因此，饮茶可防治心血管疾病。

4. 茶医百病

有人认为，茶不仅是一种安全的饮料，也是治疗疾病的良药。殊不知，对有些病人来说，是不宜喝茶的，特别是浓茶。浓茶中的咖啡因能使人兴奋、失眠、代谢率增高，不利于休息；还可使高血压、冠心病、肾病等患者心跳加快，甚至心律失常、尿频，加重心肾负担。此外，咖啡因还能刺激胃肠分泌，不利于溃疡病的愈合；而茶中鞣质有收敛作用，使肠蠕动变慢，加重便秘。

二、茶饮与季节时令

从养生的角度，罗列以下遵循传统中医的观念而伍配以茶叶为主料的调饮配方，仅供参考。

1. 春季

以绿茶为主，振奋精神，消除春困，提高人体机能。

立春——养肝护肝茶饮，辅料：菊花与枸杞茶、决明子、菊花与罗汉果、菟丝子。

雨水——缓解春困茶饮，辅料：菊花与人参、柠檬与薰衣草、薄荷与菊花。

惊蛰——预防肌肤干燥茶饮，辅料：沙参与麦冬、红枣、枸杞与党参。

春分——温补阳气茶饮，辅料：核桃、灵芝、党参、杜仲。

清明——缓解高血压茶饮，辅料：荷叶、决明子与菊花、莲心。

谷雨——调理肠胃降火气茶饮，辅料：参术、陈皮与甘草、茯苓与苏梗、太子参与乌梅、柠檬。

2. 夏季

以绿茶和花茶为主，消暑解毒，祛火降燥，止渴生津。

立夏——滋养阴液茶饮，辅料：西洋参、雪梨与百合、五味二冬茶。

小满——清利湿热茶饮，茶品：安吉白茶；辅料：茅根、薄荷与竹叶、竹叶与茅根。

芒种——清热降火茶饮,茶品:君山银针;辅料:银花、山楂等。

夏至——退热降火茶饮,辅料:冬瓜皮、薄荷、茅根、金银花与黄柏。

小暑——调理消化道茶饮,茶品:花茶;辅料:萝卜与蜂蜜、薄荷。

大暑——预防中暑茶饮,茶品:白牡丹;辅料:乌梅、柠檬。

3.秋季

以青茶为主,清除体内余热,恢复津液,爽口回甘。

立秋——养胃润肺茶饮,辅料:陈皮、杏与梨、天冬与萝卜、黄精与枸杞。

处暑——清热安神茶饮,辅料:百合花、灯芯草与竹叶、枸杞与菩提叶等。

白露——滋阴益气茶饮,辅料:百合与蜂蜜、银耳与红枣、天麦冬。

秋分——调养脾胃茶饮,茶品:大红袍;辅料:生姜与糖、甘松、参芪与薏仁。

寒露——强身健体茶饮,辅料:参术、枸杞与决明子、桑葚与冰糖、五味子与红枣。

霜降——滋养肺部茶饮,辅料:红枣与生姜、党参、黄精与冰糖、熟地与麦冬、紫苏与党参。

4.冬季

以红茶为主,强身补体,除腻开胃,有助养生。

立冬——补充热量茶饮,辅料:黄芪与红枣、首乌与桂圆枣茶、红枣与山楂、当归。

小雪——缓解心理压力茶饮,辅料:薰衣草、灵芝与甘草、合欢与山楂。

大雪——预防哮喘茶饮,辅料:党参与陈皮、杏仁与蜂蜜。

冬至——滋补养生茶饮,辅料:人参与枸杞、桂圆与洋参、洋参与麦冬、桂圆与花生。

小寒——滋补肾阳茶饮,辅料:黄芪与人参、覆盆子、肉苁蓉。

大寒——预防心血管病茶饮,辅料:丹参、麦冬、山楂与桑葚、西洋参与灵芝。

三、茶饮与身体状况

喝茶有益,然而物极必反。

一方面,茶叶含有3.5% ~7%的无机物和93% ~96.5%的有机物,通过喝茶可以摄入一定量的矿物质来补充人体的需要;另一方面,丰富的有机成分氨基酸、生物碱、茶多酚、有机酸、色素等在摄入时,人体会释放血中的水分来将其稀释以便吸收。过度的水分释放会造成血液缺水变浓,再加上茶内咖啡因等的利尿作用,人体的缺水状态就会逐渐形成于体内。长期以茶代水,可能导致皮肤干燥和容颜干枯,进而影响体内脏器的运作以至于产生疾病。为此,在喝茶的同时,不应忘记饮用清水。

其次,很多人有“饭后一杯茶”的习惯,餐后即饮不符合科学养生的原理。茶是碱性食物,很容易中和胃酸,从而减慢消化过程,令食物在胃部停留时间过长,而引发其他问题。如果用饭时伴有大量肉食,饭后饮茶可使茶中鞣酸与肉蛋白结合,生成具有收敛作用的鞣酸蛋白质,减弱肠的蠕动功能,导致排泄不畅甚至便秘。同样,若用茶解酒,却可能影响肾功能、心脏功能。不过,饭后以茶漱口却有其合理之处。宋代苏轼《仇池笔记》记述:“吾有一法,每食毕,以浓茶漱口,烦腻既出而脾胃不知。肉在齿间,消缩脱去,不烦挑刺,而齿性便若缘此坚密。”当代茶叶学者王泽农《苏轼<漱茶说>评述》就此分析到:“茶叶中所含的酚性物能使蛋白质及金属化合物胶体凝缩,具有较强的收敛作用。这样,肉在齿间才能消缩不须挑剔而脱去,才能使牙齿表层不因挑剔而磨损,保持牙齿的坚密。”

所以,喝茶是一项养生的艺术,适当饮用才能发挥出茶的真正效能,切忌以茶代水。

第四节　茶席设计

如果说“茶艺是一门生活艺术”,那么,从茶饮的美化和雅化角度看,茶席的设计是人人可为的实用技艺,方便而有效。当然,其既需要一定的茶叶常识和对器具功能与特性的理解为基本前提,又需要所为之人对生活趣味和生命情怀触发时机的捕捉能力。而从“茶艺或茶道是以茶为契机的综合性文化体系”着眼,则茶席在“创作”过程中和最后呈现上,确实可以融入、糅合诸多形而上的思想观念和形而下的相关艺术元素;其既需要对传统文化习俗与礼仪之知识、审美鉴赏之素养与艺术创作之技巧有一定的淀积而形成底蕴并对其运用有相当的把握,又更需要所为之人对心灵“环保”有一份关注,对全体来看传承相继、个体来看健康独立的精神世界之构建持有一份信心和执着。

一、空间创造

茶席的设计与布置,总是假设一个场景:何地何人何时为了什么,进行这样一次茶的聚会。其目的或说着眼点,是在生活的日常环境里,或者是客来宾往、吉日佳节的特定场合中,以一定的审美情趣或艺术观念去调动个人对茶品、茶文化的相关知识,遵循形式美的恰当法则,营造一方格调清新、氛围宜人、趣味盎然的品茗赏茶空间;当然,有时这也是主人和客人身处其间可以自信地挥洒独到才情的自由天地。

以这样的目的或着眼点为依据,总的来说是要造就一个“有意味的”的形式;同时,茶汤的结果是茶席实用性的基本前提,茶席的摆放又尤其是同艺茶直接相关的茶器具的选择及落位，必然要充分反映冲泡过程的合理性。

也就是说，茶席空间的创造，以传递主人的当下“心意”为先导，既需传递艺术的气息，又要有利于茶艺者姿态的自然、手势的顺畅以及对动作速度、节奏的控制；当然，还应让观赏品茗者有宾至如归的适意和尽兴。

图5－4－1　茶席创设空间

二、茶用器具为基调

在传统文化中，有“焚香、插花、挂画、点茶”生活四艺和“琴棋书画”文人四雅之说；其中，除了泡茶本身就是茶席的内容外，其他也都适于进入茶席。但从茶席的艺术特征看，茶器具的选用及其组合，总是在茶席布置中占据核心地位。换言之，只要有了可以实施冲泡的茶器具，即使形制简单，茶席仍可独立存在；而缺少了茶器具，再多的摆设、点缀和艺术行为，也不能构成其为一个茶席。

茶器具的色彩、造型、材质、体量、图案纹样及其功用，几乎设定了茶席的基调；或者可以说，其与主人在艺茶、奉茶时的言行举止一同构成了茶事活动的关注焦点。而器具间在个体形式上的对比、衬托及整体观感上的均衡、韵律等组合关系，最终将归结为一种和谐，用来表达特定心意（主题趣旨）或形成特定风格氛围。茶器具之间是如此，茶器具与茶台、铺垫、书画、插花及其他装点摆设的关系大致亦然。

茶器具的选择与配合，不仅要形成视觉上的美观，同时须要操作上的“趁手”和品饮上的适口，这正是实用艺术同纯艺术形式的区别所在；顾此失彼的话，可能造成要么触目单调、趣味索然，要么手感别扭、捉襟见肘的尴尬境况。有的时候，器具造型独出心裁固然炫目迷人，但若用来别扭则不如弃换；器具摆布错落有致或许赏心，若妨碍艺茶则必作调整。至于，茶器具在操作时的手感、分量、温度（灼热或冰凉或温润）及握持的舒适程度、取投茶、进出水乃至奉茶时的顺手无碍，都是需要切实考虑的。每一件器具的摆放，既随意亲切又讲究，既方便又突出观赏效果，都处在最合适它的方位上而成为整体的有机构成并各显其美。

图 5-4-2　茶具决定基调

同样，对于旁观者而言，视觉的赏心悦目是主要的；对品饮者而言，手持唇接时的感觉对茶的色香味也有着微妙但确乎存在的影响——这大致源于人类的通感，即感觉器官在感受和判断上的互相影响。需要加以关注的是，感觉也有“欺骗”的一面；也就是说，所见未必所尝所触，有的器具看似粗犷，手感却是温润的，嘴唇接触也并不毛糙，这对于表达与实用的兼顾是有利的。

茶冲泡直接使用的器具应以有益于茶为本。越窑青瓷之于唐代煎茶，益处在于修正汤色使之悦目而影响口味；建窑黑盏之于宋代点茶，益处在于反衬浡沫之细白使茶之精华呈现；西洋酒杯之于当代工艺花茶，益处在于利于茶朵稳坐、顺利舒展并方便立体观赏。通常，烧结度高、硬度高的容器，适于绿茶或发酵度低的茶；紫砂粗陶，则适于发酵度高的茶。为了达到育香发味观形色的目的，日常所用概以陶、瓷、玻璃材质的器具居多。

作为表现手段，茶器具并不按照购买价格来判断其高下，在适合茶品冲泡的前提下，它们的内涵确有深浅丰陋之别。这种内涵除了器具本身的因素外，也许更受到茶席基本格调的影响：古典的、浪漫的、自然的、富态的、大气的、秀美的、繁复的、简约的、拙朴的、精致的……富于生命力的古今茶器具，凝聚的是能工巧匠的手艺、智慧和一定的民族文化底蕴，在使用时更要求恰如其分——它们作为单独物件的物尽其用和作为整体的相得益彰，是选配时要思忖周详的。

茶席的其他构成要素的选择和使用，则遵循一般的形式美法则。但这并不意味着，设摆茶席一定要先修艺术课程——爱美之心人皆有之，创美之能人亦备焉——凭个人爱好、直觉和生活经验，还是可以打理出“动人”的品茗环境的；持之以恒并处处留意,自会逐渐提升设摆的水准和感染力。

三、旨趣表达

茶,是我们中国人的寻常饮品,男女老幼不分、春夏秋冬皆宜;正缘于此,茶席可以表达的主题趣旨也是颇为宽泛的:以茶品为中心,以人事为对象,以风情为特色,以景物为表征,以意境为底蕴:

凉台静室,明窗曲几,僧寮道院,松风竹月,晏坐行吟,清谭把卷。

清风明月,心手闲适,鼓琴看画,夜深共语,风日晴和,茂林修竹,小院焚香。

幽竹山窗,鸟啼花落……

从这些摘自古代茶书经典的有关品茗赏茶的环境描述中,可以看出其所崇尚的,是文人雅士诗意闲适之生活方式的清幽静轻的格调和情趣;显然,当代人之健康、全面的茶饮生活不止于此,茶席的主题涉及祝寿、叙友、年节乃至婚庆等良辰吉时,或宴请、商务、迎送甚至重要会议等礼节仪式也许都不无合适罢?——毕竟,产生于农业文明的有限时空观,更多是梦想桃源、隐居避世的情趣和理想;而身处二十一世纪,人们的情操、眼界以及活动内容,因科学和文明的整体进步和社会生活的拓展,对宇宙时空的探索和地球外生灵的叩问,从而对自我生命形式的可能性和人生价值的认同,已经不是数百年前的"文雅清幽"所可囿限的了。

有时,应景之作难免一时想不出好的主题又不肯浅白而求似有雅意,即使借鉴引用古人、名人所描绘或抒发的场景、情境或思想,也应力图有新的拓展——趣味的清新、风格的独特、形式(有时也是程式)的苦心孤诣以及深层内涵的独到发掘。但不落俗套却不可勉强——"少年强说愁滋味,却道:天凉好个秋!"心中没有的,不说也罢——理解、继承、创新、不拘一格却仍不失恰如其分,千变万化又万变不离其和谐;所要求的,是内容与形式的匹配相当,主题趣旨与"主人"的内外阅历相符合而玄虚不得。

生活的两端,也许是纯粹的物质生存和纯粹的精神愉悦;作为生活的艺术,茶席的表现题材,既可以是童真稚趣,也可以是诗情画意。人伦常情的吉庆、欢乐、温馨固然美好,"好高骛远"的宁静、悠远甚或淡淡的忧伤也许更耐一咏三叹地回味不尽——生活、生命、人生,原本多姿多彩。虽然雅俗异趣,但还是因为它是实用艺术的缘故,一个茶席的主题和意味,仍需怡人、亲切而不宜强说意境;也更多通过场景的设定、器具的摆放、艺茶的过程以及主客的情谊和言辞而绝非依赖一个挖空心思的茶席名来支撑。

如前所述,生活四艺和文人四雅都适合作为茶席的表达方式;表达的成功与否,主要取决于形式和内容的相称程度——所谓文质彬彬、少年朝旭、夕阳晚晴、书生意气、静淑娴雅、闺秀碧玉、古韵今道……天真烂漫而率真质朴,多半使人亲近而趣味盎然；立意“高雅”却艰涩费解，恐怕难以引人入胜——例外的是，与茶一路走来的禅意表达，却缘于日本民族的“苦心经营”而艺术之花盛开，并几乎在那里已融为茶道（也是茶席布置）的组成部分而不可或缺。同时或应注意到，日本茶道对禅意表达上的别具一格而动人心弦，也许不完全是缘于禅意之玄，而恰恰是禅的平易近人而似乎人人可得；只是经由一定的布置和程式使身心在简洁之中撇开日常的迷蒙遮蔽而直抵心灵，得以观照并达到对某种“真谛”的感悟而若有所得，是一种心灵的空明灵动而活泼泼地！其内容和形式的契合是经年磨砺才达到所谓“茶禅一味”的。

作为艺术，茶席的意味表达还要自觉运用艺术美的规律；不过，艺术规律并非僵硬的条条框框，而是人们文明发展过程中积淀下来的审美习惯、倾向和经验，非但有民族、地域的差异并且还在变化着。换言之，艺术规律作用的发挥是有条件的，在茶席创作中，就应从属于场景和主人表达的愿望，而并不存在始终都不得违背的必然法则。或许，立意清新、情趣活泼、表达生动，既有人文蕴藉，又适合茶艺冲泡，意味隽永却依然不失亲切、和谐而感染人，才是茶席作为实用艺术该有的面貌罢。

四、创设的完整

茶席的创作，从心意的萌发（动机的形成）、场景的设定、主题的确立，到表达方式和素材、手段的选择……其所能表达的意味的真正形成，恐怕还有赖于客人的参与，是随时间、随茶艺进程而逐步显现的一个流动的过程。

茶席的欣赏，作为实用的艺术空间的布置：茶台的器具安排、可能的插花、挂画、地铺、桌饰、焚香器及其他摆设，可以形成一幅立体的构图——有视觉注意的中心，并需要在色彩、线条、块面、体量和空间位置上形成均衡；同时，按照一定的顺序去浏览，随着视觉的流动以及可能的背景音乐的烘托、导引，会把空间的景物转换成时间上的节奏而感受其韵律的美。这种韵律的感受还生发于主人在迎客寒暄、艺茶冲泡、敬茶品茗和琴棋书画等活动的整个过程中，是一种情绪抒发和心理感知的节奏。

由此可见，茶席的文化底蕴、情趣意味和艺术表达，是通过以茶为契机的主客聚会及其相互间的交融、沟通才得以淋漓尽致地弥漫于这一方空间、激荡于与会者的心灵而真正实现的——事先的设计与布置，是茶席作品成功的基本前提，也是物质基础。

一台完整的茶席，务必要考虑周详的还有供茶的“面面俱到”——每一位参加茶会或茶事活动的主宾，都应至少可以品饮到一杯这一台的茶。这，很实在地就要求有事先的“计算”——茶叶、用水。不然的话，再好的“心意”，连一杯茶汤都欠奉，如何传达？

茶艺，是生活的艺术，它并不因为有“艺术”之名而玄乎高深，但确实需要我们在茶学上执着地精进，在茶文化活动中不断地创新，在相关领域和人文学识方面持续地开阔视野和深入领悟，才得以真正称其为艺、称其为道。同时，无论何时何地的茶事举办，“心意”可能是贯彻始终的灵魂，是成其事的动力和关键。当人们欣赏茶席时，在主人亲手所泡、诚意敬奉，宾客恭谦接纳、全心品味中，如沐于春风、如润于细雨的感受，美好且意味深远的茗香和韵已尽在不言。

五、茶席与茶会

以“独饮”之外的任何茶事活动都是“茶会”的角度来观察，就不难看出茶席的“文化性”和“艺术性”虽有其独立的价值，但仍须服从于每一次“以茶为契机的人的聚会”之特定的时机和目的，才得以顺理成章而不显得突兀、疏离、贸贸然和不知所云。其既需要对茶会的组织方式有完整、准确的知晓，又需要所为之人对人际交往有必要的认识与适度而可持续的热情，并以识大体、顾大局的基本心态担当自己在茶会中的角色和职责。当然，极端的例子也有，一端可能是“交流性的茶席布展”之显示特立独行的个人风格而参差纷繁，以及另一端可能是“无我茶会”这样的通过组织和施行方式来落实其基本精神而要求器具装备之配置基本一致，以至于一眼望去形貌相似。

图 5-4-3　茶席与茶会

故此，就茶席和茶会的关系而言，不妨认为：茶会为全局，茶席为局部；茶会目的为主导，茶席创作为落实。茶席个体的精心摆布，有助于茶会整体风貌的格调相契；茶会宗旨的鲜明确凿，有利于茶席创作的彼此呼应而相得益彰，从而成就茶事活动的基本氛围，是茶会成功举办的必要前提。

当然，就应用而言，茶席的用武之地也不仅限于茶会——在茶艺表演方面，在茶店的布置和商品营销上，在培养人们的审美眼力和创新能力领域等，都是可以大有作为的。

第六章 茶文化的外传

第一节　日本茶道文化之渊源与形式

一、中日茶文化之渊源

谈中国茶文化，总绕不开日本茶道。同样的，提及日本茶道，其和中国茶文化之间有千丝万缕的关系也是不言而喻的。日本人古时候并没有喝茶的习惯，因为日本的土地上不存在原生茶树，日本人开始饮茶已是 7 世纪的事了。日本茶文化的历史是随着中国茶文化历史的发展而发展起来的。日本茶道（抹茶道）源自中国宋代的点茶法，是经过了一个漫长的吸收反刍期后，最终形成的一种完整的艺术形式。如今，茶道已成为日本民族文化的象征。

1. 遣唐僧带回茶籽

茶与日本结下不解之缘，要归功于公元 7 世纪初到 9 世纪末（共 260 余年）日本遣使入唐的制度。最初茶是由遣唐使中的留学僧从中国带到日本的，这使得日本列岛无茶的历史至此结束。公元 805 年，日本高僧最澄（日本天台宗创始人）从中国留学归来时，将中国的茶籽带回日本并播种于日吉神社旁边，这也被视为日本最古老的茶园之一。公元 806 年，日本另一高僧空海（日本真言宗创始人）也从中国把茶籽及制茶方法带回了日本。从此，茶在日本有了自上而下传播的机会。另外，还有一位不得不提的遣唐僧同样在日本饮茶史上有着举足轻重的地位，他就是永忠和尚，他曾在唐都长安生活长达 30 年，养成了饮茶的习惯，对于中国的饮茶文化非常了解。在永忠回国后的 815 年，有一天，嵯峨天皇游幸路过他掌管的寺院，品尝了由他亲自精心煎煮的茶汤后印象深刻，不久便命令日本关西地区按照永忠的方法普遍植茶，以备每年进贡，这大大促进了茶的传播。永忠献上的这一碗煎茶，据说就是用的我国唐代的饼茶煮饮法。

2. 嵯峨天皇的弘仁茶风

平安时代的日本饮茶总的来说充满着唐风，风雅而浪漫，不过喝茶只是发生在天皇、贵族、高级僧侣等上层社会的事，民众始终没有登场。这期间的饮茶文化是以嵯峨天皇为主体的，人们把弘仁年间，以嵯峨天皇为代表的日本饮茶文化称为弘仁茶风，但终因只是对中国茶文化的单纯模仿，无法扎根于日本本民族文化中而逐渐衰退。

随着嵯峨天皇的去世，唐风文化的辉煌时代过去之后，日本古代的饮茶文化也一度衰退。公元894年，日本还宣布了停派遣唐使，这导致那之后的国风文化逐渐发达起来。同时，日本对中国文化长期大量吸收后，也逐渐进入了独立反刍期，这自然也包括饮茶文化。

3. 荣西与《吃茶养生记》

镰仓时期，一本茶书——《吃茶养生记》使得日本饮茶活动再次出现了小高潮，这本书的作者便是日本禅师荣西。荣西生于公元1141年，日本备中国备吉津人。他一生两度入宋，一方面致力于禅与密法的研究和实践；另一方面，他亲身体验了我国宋朝的饮茶文化，并立志将之在日本普及，回国时也带上了茶籽。他的著作《吃茶养生记》更是重开了日本饮茶之风。《吃茶养生记》开篇写道："茶也，末代养生之仙药，人伦延龄之妙术也。"可见，荣西较为强调茶的药用价值，受此影响，茶被看做是一种救世灵药，从这个时期开始，饮茶活动从主要以寺院为中心而普及到民间。

4. 斗茶与书院茶

到了室町时代，先后形成了两种文化。先是以足利义满将军为代表的北山文化时期。受我国宋代斗茶习俗之影响，北山文化时期，日本也形成了斗茶。不过日本的斗茶和我国宋代时文人雅致的斗茶不同，日本斗茶是一种娱乐活动，充满游艺性，斗茶的主角都是些暴发户的武士阶层。他们通过斗茶来扩大交际范围、炫耀拥有的进口物品。日本史料《吃茶往来》中便记录了日本斗茶的情况。

接着是以义政将军为代表的东山文化繁荣期，此时，茶的游艺性淡去，茶会形式也逐渐被庄重而肃静的"书院茶"代替。所谓"书院茶"，就是指在一种书院式建筑里进行的茶事活动。书院茶的主要倡导者名为能阿弥，他是扶持过义教、义胜、义政三代将军的文化侍从，更是一位杰出的艺术家，现行的日本茶道的点茶程序在他的指导下，基本上在当时就已经形成了。

5. 村田珠光的"草庵茶"

一直以来，日本饮茶文化长期停留在日本上层社会中，始终走不到民间，直到室町时代末期，终于出现了由普通民众举办参加的茶会。其中，最著名的便是奈良的淋汗茶会，而奈良流茶风中最有代表性的人物便是日本茶道的开山之人——村田珠光。珠光11岁便做了和尚，19岁时辗转来到了大德寺酬恩庵，跟随一休宗纯参禅，并获得了中国宋代禅僧圆悟克勤的墨迹。他将此墨迹挂于茶室的壁龛里，每当有人走进茶室时,必先跪于墨迹前行礼表敬意。珠光的这一创举,将茶与禅联系在了一起,形成"草庵茶风"。他将禅宗思想导入茶道,从此茶事活动便有了深邃的思想内涵和理论根据。他创立的草庵茶,崇尚自然与朴素,极具艺术性。

6. 武野绍鸥与歌道

继村田珠光之后,大茶人武野绍鸥继承和发展了村田珠光的茶道思想。绍鸥24岁时在当时日本和歌界最负盛名的三条西实隆处学习和歌。直到33岁时,他还是一名连歌师。这期间,他对日本歌论的艺术思想作了深入研究。在学习和歌时,他也进行了茶道的学习,并领悟到了珠光的茶道思想。之后,他把日本古典歌道的理论导入了茶道,将日本文化中独特的素淡、典雅风格再现于茶道中,丰富了茶道的内容,也大大推进了草庵茶的民族化进程。

7. 千利休

日本茶道的完整艺术形式最终是由武野绍鸥的高足、日本茶道的集大成者千利休最终创立的。由于日本国土资源匮乏,在千利休时代,人们就发现不可能在日本一直大规模地使用"唐物",更不是所有人都能像丰臣秀吉那样用黄金去建造自己的茶室,而应该重新去认识事物,去感受物的灵魂世界。当然,人们观念的转变,一方面也是因为受到千利休的影响,千利休在晚年越来越崇尚古朴简约,表现出"本来无一物"的艺术境界。他甚至提倡从日本的民家、渔村、山谷里去寻找发现艺术。千利休逐渐在茶道中大量使用日本本民族器物,并用自己的禅宗思维和审美创立了一套茶道方式,至此,日本茶道基本形成。1591年,大茶人千利休剖腹自杀后,他的后代又继承并发展了日本茶道的三个主要流派,分别是表千家流派、里千家流派和武者小路流派,一直流传至今。

二、日本茶道的思想

日本茶道艺术,并不是什么文人雅趣,也不仅仅是生活礼仪规范。《山上宗二记》中指出:"因茶道出自于禅宗,所以茶人都要修禅,珠光、绍鸥皆如此。"日本元禄时代的茶书《南方录》中也指出:"草庵茶道之第一要事为领悟佛法,修行得道。"可见,日本茶道艺术是以"禅"为思想核心的。它是以禅为主体内容,以使人达到大彻大悟为目的而进行的一种新型的宗教形式。而事实上,历代日本人茶人都有去禅寺修行数年的经历,如村田珠光30岁时,跟随一休宗纯参禅;武野绍鸥曾参禅于京都大德寺大林宗套禅师;千利休曾参禅于大德寺大林宗套禅师、笑岭宗诉禅师等。茶人们从禅寺获得法名,并终生受禅师的指导,但在他们获得法名之后并不一直留在禅寺,而是返回茶室过茶人的生活。所谓茶人的生活和普通人的生活相似,但处处又充满了艺术感。所以说,茶人虽然通过禅宗学习到了禅,与禅宗之间是一种法嗣关系,但茶道有其独立性,是独立存在于禅寺之外的一种"在家禅"。

提到日本茶道的思想，人们常常还会想到“和、敬、清、寂”四个字，“和敬清寂”被称为茶道的四规。“和”指的是主客和睦；“敬”指的是长幼分明，有礼有节；“清”指的是茶室清洁，人心清白；“寂”指的是恬静、庄重的气氛。同时，“和敬清寂”也表现在人与物之间的关系中。

另外，“一期一会”的概念也很好地体现了茶道思想。“一期一会”出自江户末期茶人井伊直弼的著作《茶汤一会集》。“一期”指的是一生、一辈子的意思。一期一会的意思是说一生当中一模一样的相会只有一次，不会再有第二次。这种观点源于佛教的无常观，世事无常，生、死、离、合都是无常的。受这种观点的影响，当举行茶会时，茶人都应抱有这样的心态，即“一生只一次”，这样茶人们就会认真对待每一场茶会，尊重每一分每一秒，尊重每一时每一事。

三、日本茶道的礼法

日本茶道的礼法主要体现在主与客、客与客、人与物之间，通过一套完整的礼仪规范，使得茶事的整个过程有条不紊。

首先，主人与客人之间，客人为上，主人为下。主人要做的就是设法使客人感到舒适，如根据客人不同的喜好或习惯，准备菜品或调整茶的浓淡。而客人要做的就是多为主人着想，尊重对方的好意，如将主人点的茶和送上的饭全部用完等。总之，主客之间应相互理解、相互配合，才能圆满地完成一次茶事的艺术创造。

其次，客人与客人之间，客人是有主次之分的。次客要尊重主客。在参加茶会之前，次客们应该通过电话或直接拜访，对主客表示拜托。在整个茶会中，喝茶、道具欣赏等都以主客为先，然后依次进行，当然这期间还要使用“前礼”和“次礼”。当某位客人准备喝茶、吃点心或欣赏茶道具前，要向前一位客人行礼，说“请您再品一碗”之类的话，此为“前礼”；然后再向后一位客人行礼，说“请允许我先失礼了”之类的话，此为“次礼”。另外，茶会中，与主人交谈，也是由主客作为代表发言。其他客人则要认真观察主客的言行，给予配合。

再者，人与物之间。在茶人们眼中，所有的茶道具都是有生命的，应当爱惜和尊重。比如拿取道具时应轻拿轻放；道具使用完毕后，应当清洗擦拭干净后将之存放。另外，大部分茶道具都可作为艺术品被观赏，如当客人喝完茶，向茶碗施礼，并向主人请求欣赏茶碗后，就可观赏茶碗的形状、色彩，还可用双手拿起茶碗，体验一下手感，之后再将茶碗翻转过来，看碗座的设计、素陶部分的质地、作者的花押。观赏完毕后，将茶碗放回自己的正前方，略微施礼，向主人表示感谢。

除此之外，茶会中还有无声礼、有声礼、约定礼，这些礼中还分真、行、草三种形式。据统计，一次正午的茶事里，若有三位客人，主客间行礼的次数则为 213 人次，可见日本茶道中对于礼法非常重视。

第二节　韩国茶礼文化之渊源与形式

一、中韩茶文化之渊源

自古以来,中国和朝鲜半岛的先民就有许多往来。中国与韩国之间的文化交流也是源远流长,而茶文化是两国文化交流的内容之一,韩语中的茶字也是由汉语演变而来的,由此可见两国茶文化渊源之深。茶文化作为两国文化交流关系的纽带,一直起着重要作用。

中国是茶的故乡,是茶文化的发源地。据大量史实表明,中国茶在对外传播的过程中,最先到达的可能就是朝鲜半岛,如日本学者熊仓功夫所言:“朝鲜半岛的茶的历史,比日本古老……当日本飞鸟时代之时,茶从中国传到了朝鲜半岛。但是,这只不过是传说而已。”茶进入朝鲜半岛要早于日本列岛,其中陆路交通便利是一个重要因素。中韩茶文化交流的历史悠久,并且一千多年来绵延不断。近十多年来,中韩茶文化的交流更是异常活跃。

1. 三国时期

韩国的三国时期是指从公元前1世纪中叶起到新罗统一三国后的公元7世纪中叶,三国分别是指北方的高句丽和南方的百济、新罗,当时正值中国西汉宣帝至初唐高宗时期。这个时期,中国的饮茶风俗正从巴蜀地区向江南一带发展,继而传播至长江以北地区。茶文化由萌芽期逐渐进入到了发展期。

三国时期高句丽、百济都没有关于茶的记录。但在日本的历史文献《东大寺要录》里有百济的归化僧行基(668－748年)种茶树的记载,由此可推测百济在7世纪之前已经有茶了。公元6世纪和7世纪,如同日本一样,为了寻求佛法,朝鲜半岛有大批僧侣来到中国,这些僧侣中载入《高僧传》的就有近30人,其中很多僧侣在中国潜修数十年,这期间不可避免地会接触到中国的茶,并在回国时带走了茶和茶籽。韩国史书《三国史记》(第十卷)载:“新罗第二十七代善德女王时,已有茶。”善德女王是7世纪前期在位(632－647年),由此同样可推测,最晚到公元7世纪,韩国已经开始饮茶了,这也是较为普遍的说法。

三国时期,是韩国开始接受中国的饮茶风俗和中国茶文化的时期,并且主要流行于贵族、僧侣等上层社会中,多用于宗庙祭礼和佛教茶礼,这一时期可视为韩国茶文化的萌芽期。

2. 新罗统一时期

新罗统一时期是从三十代文武王八年(668年)至五十六代敬顺王八年(935年),当时正值中国初唐高宗至五代后唐时期。这个时期,中国迎来了中国茶文化的第一个兴盛期，茶成为了“比屋之饮”，煎茶道形成并流行。

据朝鲜高丽时代金富轼的《三国史记·新罗本纪》（第十）兴德王三年（828年）十二月条记载：“冬十二月，遣使人唐朝贡，文宗召对于麟德殿，宴赐有差。入唐回使大廉持茶种来，王使植地理（亦称智异）山。茶自善德王有之，至此盛焉。”而朝鲜的史书《东国通鉴》也记载：“新罗兴德王之时，遣唐大使金氏，蒙唐文宗赐予茶籽，始种于金罗道之智异山。”由此得之，韩国饮茶始兴于9世纪初的兴德王时期，饮茶风俗仍然集中于上层社会和僧侣及文士之间，民间也开始传播。

韩国当时的饮茶方法主要效仿中国唐代盛行的煎茶法，即茶经碾、罗成末，在茶釜中煎煮，用勺盛到茶碗中饮用。韩国汉文学的开山鼻祖、诗人崔致远在唐时，曾作《谢新茶状》（《全唐文》），其中有：“所宜烹绿乳于金鼎，泛香膏于玉瓯。”崔致远于唐僖宗时在唐，正是唐代煎茶法流行之时，故其回国时将煎茶法带回并传播。

另外，创建双溪寺的真鉴国师（755－850年）所撰碑文中记：“如再次收到中国茶时，把茶放入石锅里，用薪烧火煮后曰：‘吾不分其味就饮。’守真忤俗如此。”可见当时除了煎茶法，也有采用煮茶法饮茶的。

总之，新罗统一时代，是韩国全面吸收中国茶文化的时期，同时也是韩国茶文化发展的时期。饮茶由上层社会、僧侣、文士传到民间，并开始了种茶、制茶。

3. 高丽时期

高丽时期从公元923年王建立国至恭让王四年（1392年）共475年，当时正值中国五代后唐至明太祖时期。这个时期，中国的饮茶习俗仍是普遍，新的点茶法形成并流行，中国茶文化迎来了第二个兴盛期。在吸收反刍中国茶文化后，韩国茶礼在这个时期形成，并普及于王室、官员、僧道和普通百姓中。

（1）王室官府茶礼

据《高丽史》记载，王室官府的茶礼有以下九种：燃灯会、八关会、重刑奏对仪、迎北朝诏使仪、贺元子诞生仪、为太子分封仪、为王子王姬分封仪、公主出嫁仪和为群臣设宴仪。

（2）佛教茶礼

高丽以佛教为国教，佛教气氛浓重。禅宗兴盛，禅风大化。高丽佛教茶礼以中国禅宗茶礼为主流。中国唐代的《百丈清规》、宋代的《禅苑清规》、元代的《敕修百丈清规》和《禅林备用清规》等传播到高丽，其僧人参考中国禅门清规中的茶礼，建立了一套韩国的佛教茶礼，分为大礼、小礼、灵山作法三种仪式。

（3）儒家茶礼

高丽末期，通过儒者赵浚、郑梦周和李崇仁等人的不懈努力，接受了朱文公家礼，主要是在成年（冠礼）、成亲（婚礼）、丧事（丧礼）、祭祀（祭礼）等人生四大礼仪中使用。郑梦周有《石鼎煎茶》一诗:“报国无效老书生,吃茶成癖无世情;幽斋独卧风雪夜,爱听石鼎松风声。”

另外,流传至今的高丽五行献茶礼,其核心是祭祀“茶圣炎帝神农氏”,规模宏大,内涵丰富,参与者众多,是韩国茶礼的主要代表。

(4)道教茶礼

道教茶礼,是以白瓷的茶盅(茶碗,上有绿色的“茶”字)为主要道具,用饼、茶汤、酒作为祭品来祭祀诸路神仙,还要以冠笏礼服行祭,并焚香百拜,其源出于宋。

(5)庶民茶礼

高丽时代普通百姓也可买到茶,在冠礼、婚丧、祭祖、祭神、敬佛、祈雨等典礼中都会用到茶,亦行茶礼。

总之,高丽时期,是韩国茶文化的兴盛期,初期受中国唐代茶文化影响流行煎茶道,中晚期受中国宋代茶文化影响流行点茶道。这一时期,韩国的陶瓷文化也迅速发展,并影响到日本。韩国在吸收反刍中国茶文化后,开始形成具有本民族特色的茶文化,即韩国茶礼。

4. 朝鲜时期

朝鲜时期是从太祖元年(1392 年)至李王隆熙四年(1910 年),当时正值中国的明、清两朝。中国明代,茶文化形成了第三个兴盛期。明太祖朱元璋以国家法令的形式废除了团饼茶,推行散茶。清朝嘉庆以后,中国茶文化由盛转衰。特别是鸦片战争以后,茶文化日渐衰退。

朝鲜前期的 15、16 世纪,受明朝茶文化的影响,饮茶之风仍兴而不衰,饮茶方法效仿明代流行的散茶壶泡法或撮泡法,同时点茶法仍未消失。始于新罗统一、兴于高丽时期的韩国茶礼,随着茶礼器具及技艺的发展,其形式被固定下来,且日趋完备。朝鲜中期以后,酒风盛行,又适逢清军入侵,致使茶文化一度低迷。至朝鲜晚期,幸得丁若镛、崔怡、金正喜、草衣大师等人大力提倡,聚徒授课、种茶、著书,广为宣传,使得濒临绝境的茶礼再度兴盛起来。

5. 现当代时期

日俄战争之后,朝鲜沦为日本的殖民地(1910 - 1945 年),日本独占了朝鲜的茶业,并在朝鲜推行日本茶道讲授,全国 47 所高等女子学校中的大部分学校都开设茶道课讲授日本茶道,出现了日本茶道的韩国化,韩国的茶文化再次受到打击,发展缓慢。1945 年日本战败投降之后,朝鲜获得独立,但形成南北两个国家。不久又发生了朝鲜战争(1950 - 1953 年),动荡不安的战争年代给茶文化造成严重的不利影响。战后,韩国政府开始奖励茶叶种植和加工,茶文化复苏。特别是 20 世纪 80 年代以来,韩国与中国、日本及东南亚各国的茶文化界交流频繁,韩国茶文化开始日趋兴盛。

二、韩国茶礼仪式

茶在韩国的传播过程中，佛教徒作为传播使者扮演了重要的角色，但是韩国人更崇尚儒家思想，朱子家礼被普遍接受，所以韩国的茶道，称之为茶礼，儒家礼仪起着主导作用。韩国茶礼是高度仪式化的茶文化，它以茶礼仪式为中心，通过参与茶事活动来修身养性，最终达到精神上的升华。

茶礼仪式是指茶事活动中的礼仪、法则。韩国的茶礼仪式是高度发展的，种类繁多又各具特色，主要分仪式茶礼和生活茶礼两大类。

仪式茶礼就是在各种礼仪、仪式中举行的较为正式的茶礼。每年5月25日为韩国茶日，年年举行茶文化祝祭。其主要内容有韩国茶人联合会的成人茶礼和高丽五行茶礼、韩国茶道协会的传统茶礼表演以及国仙流行新罗茶礼、陆羽品茶汤法等。

其中高丽五行茶礼是韩国的传统茶礼，也是国家级的茶礼仪式。首先是祭坛的设置：五色幕、绘有花卉的屏风、祠堂、茶圣炎帝神农氏神位和茶具。参与者众多，达五十余人，且所有参与者都必须严谨有序地入场。入场仪式开始，由茶礼主祭人进行题为"天、地、人、和"合一的茶礼诗朗诵。这时，四方旗官分别身着灰、黄、黑、白短装，各举绘有图案的彩旗进场，立于场内四角。随后两名分别身着蓝色和紫色官服的执事人入场、两名高举圣火的男士入场、两名手持宝剑的武士入场。执事人入场后互相致礼分立两旁，武士入场作剑术表演。接着是多名女子每两人一组分别进场献烛、献香、献青瓷花瓶、将鲜花插入花瓶。这时，"五行茶礼行者"进场，都为女性，共10人。头发都梳理整齐成各式发髻盘于头上，身着白色短上衣，配红、黄、蓝、白、黑各色长裙，成两列盘坐在会场两侧，用置于茶盘中的茶壶、茶盅、茶碗等茶具作泡茶表演。泡茶完毕后全体分两列站立，分别手捧青、赤、白、黑、黄各色的茶碗向炎帝神农氏神位献茶。献茶时，由五行献礼祭坛的祭主，即一名穿着华贵服装的女子宣读祭文，随后由那10位五行茶礼行者向各位来宾献上茶和茶食。最后由祭主宣布"高丽五行茶礼"祭礼毕，此时四方旗官退场，茶祭结束。

生活茶礼，指的是日常生活中的茶礼。按照名茶类型区分，有"末茶法"、"饼茶法"、"钱茶法"、"叶茶法"四种。

下文以叶茶法为例简单介绍。

(1)迎宾：宾客光临，主人要到大门口恭候，并以"欢迎光临"等语句迎宾引路。宾客自觉按长幼尊卑随行。进茶室后，主人要立于东南向，向来宾再次表示欢迎后，坐东朝西，而客人则坐西朝东。

(2)温壶温杯：泡茶前，主人先整理折叠茶巾，将茶巾置茶具左边，然后将烧水壶中的开水倒入茶壶，温壶，再将茶壶中的水等量注入各个茶杯，最后将温杯的水弃之于退水器中。

(3)泡茶:主人打开壶盖,用茶匙取出适量茶叶置于壶中。在不同的季节,需采用不同的投茶法。一般春秋季采用中投法,夏季采用上投法,冬季则采用下投法。投茶量为一杯茶投一匙茶叶为宜。将茶壶中冲泡好的茶汤,按从右到左的顺序,分三次缓缓注入杯中,这样使得各杯中的茶汤浓度保持一致,茶汤斟至七分满即可。

(4)品茶:茶泡好后,主人以右手连杯带托举起茶汤,左手轻把手袖,恭敬地将茶捧至来宾面前的茶桌上,随后回到自己的茶桌前捧起自己的茶,对宾客行"注目礼",并恭敬地说声"请喝茶",而来宾随即表示"谢谢",宾主即可一起举杯共饮。在品茶的同时,可品尝各式糕点、水果等清淡茶食用以佐茶。

三、韩国茶礼精神内涵

对于爱茶的人来说,饮茶除了能享受茶的色、香、味、形之外,更在于通过饮茶而体验到一种精神上的愉悦。茶是一种高雅健康的饮品,通过饮茶能够帮助人们反观内视,使人通过品茶而悟得一些道理,韩国茶礼亦如此。

韩国的茶礼精神是以新罗时期的高僧元晓大师的"和静"思想为源头,中间经过高丽时期的文人郑梦周等人的发展,至李奎报集大成。最后在朝鲜时期高僧西山大师、草衣禅师那里形成完整的体系。元晓的"和静"思想是韩国茶礼精神的源头,李奎报把茶礼精神归结为清和、清虚和禅茶一味,草衣禅师对韩国茶礼精神作了总结,尤其倡导"中正"思想。概括来说,韩国的茶礼精神为敬、礼、和、静、清、玄、禅、中正。

草衣禅师的《东茶颂》曾被韩国茶人誉为"韩国的《茶经》",也有人认为韩国的茶礼精神就是《东茶颂》中所揭示的"中正"精神,用尹炳相先生的话来说,具体是指"茶人在凡事上不可过度也不可不及的意思。也就是劝人要有自知之明,不可过度虚荣,知识浅薄却到处炫耀自己,什么也没有却假装拥有很多。人的性情暴躁或偏激也不合中正精神。所以中正精神应在一个人的人格形成中成为最重要的因素,从而使消极的生活方式变成积极的生活方式,使悲观的生活态度变成乐观的生活态度,这种人才能称得上是真正的茶人"。由此可见,韩国茶礼更多体现的是儒家思想。

第三节　英国下午茶之渊源与形式

一、中英茶文化之渊源

1. 中国茶初入欧洲

茶在古代和中世纪欧洲史上可以说没有留下任何痕迹,一直到 16 世纪中期,由于贸易往来、宗教传播、航海探险的需要，一些欧洲人开始远涉重洋来到遥远的东方国度中国和日本，通过各种途径了解到了茶，例如通过天主教传教士的日记、报告书等，另外在一些与东方有关的著作中，也有茶的记录。但是，茶究竟在何时、由哪国人最早传入欧洲，这个问题一直以来困扰着国内外学者。就连关于到过中国的马可·波罗在游记中有无提到茶，这一点至今也无法确认。目前，资料记载相对详细并且得到大家普遍认可的一种观点是：意大利人约凡·巴第斯塔·莱姆奇欧最早知道茶，他是从一位波斯人那里听说了作为药用的中国茶的，但需注意，只是“知道”茶；而葡萄牙人加斯帕·达·克罗兹神父曾经亲自到过中国广州，并撰写出版了欧洲第一部专门介绍中国的书籍《广州记述》。在书中，克罗兹是第一个将“cha”音带入欧洲的欧洲人，他在中国沿海一带游历的时候，成为了第一位品尝中国茶的欧洲人。可见，在当时有关于茶的一些知识信息只是出现在欧洲的历史文献中，而茶叶本身却仍然没有到达欧洲。

最早将茶带入欧洲的是在航海探险殖民活动中后来者居上的荷兰人。大约在1610年，荷兰商人凭借在航海方面的优势，飘洋过海，开始从中国厦门装运茶叶至爪哇，再辗转至欧洲，掀开了欧洲饮茶之风。从1637年起，荷兰人开始饮茶，由于茶的药用价值，有人对茶倍加赞扬。而后，荷兰东印度公司下令每艘商船从中国以及日本带运一些茶回国。茶叶到达欧洲后，饮茶之风也最先在荷兰兴起，并且很快发展形成荷兰贵族式饮茶文化，继而影响到整个欧洲文化。许多欧洲人对这东方树叶充满幻想，欧洲妇女无不以拥有名茶为荣，以家有高雅茶室为时髦，甚至认为能够像荷兰贵妇人那样每天喝到一杯茶是极其幸福的一件事。另外，茶在很多英国文学作品中也频频亮相。英国剧作家索逊的《妻的宽恕》、英国剧作家贡格莱的《双重交易人》、喜剧家费亭的《七副面具下的喜爱》、意大利作家麦达斯达觉的《中国女子》中，都有许多关于茶事的场面和情节描写。荷兰阿姆斯特丹上演的喜剧《茶迷贵妇人》，更是把当时欧洲饮茶风波描写得淋漓尽致。

2. 中国茶进入英国

英国虽然是世界上公认的人均茶消费量大国，但是英国本土上没有原生茶树，根本就不生产茶。那么，中国茶究竟何时到达英国的呢？目前学术界众说纷纭，不同的历史资料上有不同的时间记载，而且年代相隔久远。尽管如此，是荷兰人最初把茶叶输入英国，而且时间大致是在17世纪初期到中期，这是毫无疑问的。

1657年，英国出现了一位名叫托马斯·加威的茶叶商人，他开辟先河，于1658年在报纸上刊登了英国历史上第一则茶叶广告，这也是第一则商品广告，主要向顾客介绍茶叶并销售茶叶。从这则广告中，我们能得到两个重要信息：一是茶叶最初传入英国时，是在咖啡馆而不是其他场所出售。二是当时茶叶受到很多医生的认可和推荐，并且以其药用功效作为卖点进入了市场。该广告一出，激起了很多英国人的好奇心和关注。茶叶的出现,激发了商业人士的灵感,开创了新的商品广告,而茶是出现在伦敦报纸上的第一种商品。显然,茶叶对当时英国广告业的创新发展做出了巨大贡献。茶叶在英国立足之后,大约在1660年开始进入本土化的茶文化发展进程。1662年,饮茶皇后——葡萄牙公主凯瑟林(Catherine)嫁给了英王查理二世。新皇后把原先在葡国养成的饮茶和举办茶会的习惯带到了英国王室,饮茶继而成为了宫廷生活的一部分,家庭茶会也变成了王公贵族阶层最时髦的社交礼仪。皇后品茶时,高雅的仪态举止,引得贵族们争相效仿,这可视为英国茶文化的起源。然而,真正把英国茶文化发扬光大的要归功于女王安妮,是她首先在早餐中以茶代酒。女王的饮茶嗜好对茶文化的推广起到了表率作用。有皇室做榜样,社会各阶层的人也都纷纷仿效,爱上饮茶。饮茶不但是一种时尚而高雅的行为,并且成了身份地位的象征。在当时,茶被视为珍品,据说为了预防茶叶被偷,有些贵族家的女主人还将茶柜上锁,每逢下午茶时间,才吩咐女佣取钥匙开柜取茶。直到1826年,英国人在其殖民地印度的北部山区偶然发现了满山遍野的野茶树,从此开始大面积种植茶树,加工后运回英国,这使得茶价下跌,茶这才真正进入到普通百姓的生活中。英国贵妇人间风行的饮茶风尚便逐渐平民化,从英格兰的多弗到苏格兰的阿伯丁,几乎全大不列颠都流行饮茶。

二、英国下午茶的由来

其实,关于英国下午茶的由来也是众说纷纭,无法确切地说发生于中餐和晚餐之间的下午茶最早是什么时候开始的,由谁发明的,而且乡村和城镇之间,不同阶层之间,饮茶习惯也不尽相同,这主要和每个人的一天活动安排有关。如今,有关下午茶的由来,比较普遍的说法是下午茶源于18世纪中期的英国贝德芙公爵夫人安娜女士。作为贵族的安娜,每到下午时刻就百无聊赖、昏昏欲睡。而此时距离穿着正式、礼节繁复的晚餐还有段时间,但又感觉肚子有点饿,想吃点东西,于是就请女仆准备几片烤面包、奶油以及茶果腹。后来安娜女士邀请知心好友共享茶与精致的点心,营造出了一个轻松惬意的午后时光,没想到一时之间,名媛贵妇趋之若鹜,在当时贵族社交圈内蔚然成风,直到今天,已俨然形成了一种优雅自在的下午茶文化。这就是所谓的“维多利亚下午茶”的由来,这也被视为正统的“英国红茶文化”。

英国人喜爱的下午茶时间,一般集中在下午3点到5点半之间,在女主人营造的极其雅致的氛围里往往可以让人们感受到心灵的祥和与家庭式的温馨,从而舒缓劳作或工作的疲劳。英国有一首民谣是这样唱的:“当时钟敲响四下时,世上的一切瞬间为茶而停。”由此可见英国人对下午茶的喜爱。喝下午茶时,英国人通常会选择上等红茶,配以精致的中国瓷器或银制茶具,摆放在铺有纯白蕾丝花边桌布的茶桌上,并且用小推车推出各种各样的精制茶点。另外还要配上古典音乐和鲜花,音乐悠扬典雅,鲜花清芬馥郁。

英国贵族赋予红茶以优雅的形象及精致华美的品饮方式,是英国人款待朋友、举办沙龙最理想的形式,人们通过共享下午茶传递情谊、互通信息,喝下午茶成为了一种社交活动,被视为社交的入门、时尚的象征。由下午茶衍生出的各种礼节,现在虽然趋于简单,但是正确的泡茶方式、雅致的茶具摆设、精致丰富的茶点,这三点则被视为经典继续流传下来。

二、下午茶的标准器具及冲泡方法

1.标准器具

(1)瓷器茶壶。瓷器茶壶有两人壶、四人壶或六人壶等规格,视客人数目而选择适合的茶壶。

(2)滤匙及放过滤器的小碟子。倒茶时,可将滤匙置于茶杯上过滤茶叶,得到的茶汤纯净好看。

(3)茶杯。正统红茶茶杯,杯口圆而宽广,这有助于红茶散发优雅的香气。值得一提的是,茶杯刚从东方传入西方时,并没有把手,把手最初是西方人的创意。

(4)茶叶罐。一般为金属材质,密闭性佳,可以保存红茶原有的风味。

(5)糖罐。砂糖罐,通常配有盖子。在红茶内添加一匙砂糖饮用,别有风味。

(6)奶缸。使用广口鲜奶瓶前,要先以热水将奶瓶烫过,再加入新鲜的冰牛奶,使之回温,再加入红茶中。

(7)三层点心盘。英国维多利亚式下午茶点,用的都是三层点心瓷盘。最下面一层可以放一些有夹心的口味较重的咸点心,如三明治、牛角面包等;第二层放的是咸甜结合的点心,一般没有夹心,如英式松饼、培根卷等传统点心;第三层则放蛋糕及水果塔,以及若干小甜品。

(8)茶匙。根据英国上流社会的习惯,应将茶匙以左斜45度的角度置于托盘的右上方。

(9)点心盘。用于吃茶点。

(10)沙漏。沙漏是一种传统又雅致的定时器,可以帮助掌握正确的冲泡时间。

(11)点心刀。用于在茶点上涂奶油及果酱。

(12)点心叉。用于吃茶点。

(13)放茶渣的碗。

(14)餐巾。

(15)鲜花。用于营造优雅的饮茶氛围。

(16)木拖盘。用于端茶品。

(17)蕾丝手工刺绣桌布或托盘垫。

就正统英国下午茶,所使用的茶以"红茶中的香槟"——大吉岭红茶为首选,伯爵茶亦可。对于茶桌的布置也非常讲究,除了那些必要的器具,在摆设时可借由音乐、鲜花、蜡烛、照片或在餐巾纸上绑上缎花等,营造出优雅的下午茶气氛,不过现在的下午茶用具已经简化不少,很多繁冗的细节已不再那么强调了。

2. 冲泡方法

(1)将新鲜的冷水注入煮水壶里煮沸。久置的水、久沸的水或保温瓶内的热水,都不适合来冲泡红茶。因为这些水空气含量低,没有活性,不利于将红茶的香气充分发挥出来。

(2)往壶中注入沸水,用以温壶及温杯。用于泡红茶的茶壶造型,都有腹鼓的特点,这能让茶叶在冲泡时有完全舒展及舞动的空间。

(3)控制好茶叶量,将茶叶置于壶中。冲泡浓茶,每人用1茶匙的量(约2.5克),但是想要泡出好红茶,建议最好以2杯的红茶叶量(约5克)来冲泡成2杯,这样较能充分发挥红茶香醇的原味,同时也能享受续杯的乐趣。

(4)将沸水注入壶中。水开始沸腾之后约30秒时,即水花形成像一元硬币大小的圆形时来冲泡红茶是最理想的。

(5)掌握好冲泡时间,静候茶汤。因为快速的冲泡是无法完全释放出茶叶的芳香和内含物质的,一般专业的茶罐上,都会标示出茶叶的浓度大小,这关系到茶叶冲泡的时间。例如:浓度分为1-4级(1为最弱,4为最强),冲泡时间则是从2分钟到3分半钟,依次递减。

(6)将壶内冲泡好的茶汤,倒入茶杯中。茶杯造型虽多种多样,但一般而言,基本形状都是底较窄而杯口较宽,因为这样的造型设计除了可以充分让红茶散发芳香外,还可以欣赏到红艳明亮的茶汤色。

(7)根据个人喜好加入适量的糖或牛奶。若是选择清饮,就能完全品尝到红茶的真味。若是选择在茶汤中加入浓郁的牛奶,茶的涩味会得到缓解而且口感更丰富,别具风味。

四、传统下午茶的基本礼仪

在维多利亚时代,喝下午茶时通常是由女主人亲自为客人服务以表示对来宾的尊重,不得已时,才请女佣帮忙。另外,着装方面也较讲究,喝下午茶时主客都需着正装。男士应穿着燕尾服,女士则着长袍。现在每年在白金汉宫举办的正式下午茶会,男性宾客仍被要求着燕尾服,头戴高帽,手持雨伞,风度翩翩;女性宾客则穿正式洋装,头戴礼帽,大方得体。还有值得一提的就是茶点的吃法。正统的英式下午茶点心是用三层点心瓷盘装盛的,每一层点心的风格、口味不同。为获得最佳口感，吃的顺序应该遵循由淡而重、由咸而甜的法则，所以应当从三层点心盘的最下层吃起，先尝尝带点咸味的三明治，让味蕾慢慢苏醒，再啜饮几口香气四溢的红茶。接下来是品尝涂抹上果酱或奶油的英式松饼，丝丝甜味弥漫整个口腔，最后才将甜腻的水果塔及芝士蛋糕放入口中品尝，浓浓的甜蜜让你的味蕾充分得到了满足。维多利亚时代这些点心都是由手工制成，现烤现吃，味道极好。

英国人对茶品无比珍爱，因为当时英国主要从中国进口茶叶，得来不易，因此在喝下午茶过程中难免流露出严谨的态度；另一方面受到英国传统文化的影响，喝下午茶还产生了各式各样的礼节，参加茶会的男女无不体现了一种绅士淑女的风范。喝下午茶也一度成为英国上流社会中每日必不可少的社交活动之一。

五、红茶文化带来的影响

英国人饮茶至今已有300多年历史，如今是世界上红茶消费量最多的国家。英国的茶文化浓郁深厚，其中也蕴含着英国传统文化，英国人讲究礼仪，这一点在红茶文化中得到了彰显。维多利亚时代的红茶文化影响着英国的各个阶层，涉及了科学、美学、道德等范畴，其内涵极为丰富。此外，茶叶贸易曾一度给英国政府带来了巨额的财政收入，同时也推动了相关行业的发展，如茶具制造业。另外，由于近代中英贸易主要是通过英商船来华贸易而实现的，这也促进了英国航海业的发展。还有就是英国人喜欢在茶中加糖，从而也带动了英国殖民地蔗糖业的发展。总之，饮茶不仅仅是改变了英国人的饮食习惯，维多利亚时代的红茶文化在社会、经济各方面都发挥了积极的作用。

第七章 茶饮英语

一、茶的历史

The History of Tea

传说茶是神农氏发现的。
According to legend, Emperor Shennong discovered tea.

陆羽于公元780年写成《茶经》。
Lu Yu wrote the "Cha Jing" in 780 A. D..

佛教的僧侣把茶带到了日本和韩国。
Buddhist Monks introduced tea to Japan and Korea.

荷兰人把茶带到了欧洲。
Dutch introduced tea to Europe.

茶在中国已经有5 000年的历史。在这漫长的历史中,围绕茶的栽培、养护、采摘、加工、品饮形成了一整套独具特色的茶文化及相关艺术。

Chinese tea has a history of over 5000 years, during which a series of unique tea culture have come into being, covering from tea plant cultivation and conservation, tea-leaf picking to processing and sampling tea.

二、水

Water

泡好一杯茶，你需要做到茶好、水好、火好、器好，缺一不可。

To prepare a good cup of tea, you need fine tea, good water, proper temperature and suitable tea sets. Each of these four elements is indispensable.

烧水时，一沸为"蟹眼"，二沸为"鱼眼"，三沸为"腾波鼓浪"。

There are three stages when water is boiling. At the first stage, the bubbles look like crab eyes; at the second, the bubbles look like fish eyes; finally, they look like surging waves.

"蟹眼已过鱼眼生"时的沸水最适合泡茶。

The water boiling between the crab - eye stage and the fish - eye stage is the best for making tea.

烧水时要做到活火快煎。

We should use a bigger fire to make water boil quickly.

用久沸的水泡茶不好。

The water that has been boiling for a long time is not good for making tea.

天然的山泉水用来泡茶是最好的。

Natural mountain spring water is the best for tea.

泡茶前，向壶内注入少量开水，温壶温杯。

Before making tea, warm the tea pot and tea cup with a little hot water.

三、龙井茶

Longjing Tea

龙井茶以色绿、香郁、味醇、形美著称。

Longjing tea is famous for it's green color, delicate aroma, mellow taste and beautiful shape.

龙井茶的外形特征是光、扁、平、直、色如翡翠。

The appearance of Longjing tea is characterized by smoothness, flatness, levelness, straightness and its jade – green color.

为了易于冲泡,冲泡绿茶首先要润茶。

You'd better soak tea leaves with a little boiling water before it has been fully infused. It make the tea leaves easier to brew.

泡茶时,如果水温不够,茶叶不易泡开,且漂浮茶汤表面;如果水温过高,则会泡熟茶叶,茶汤很快变黄。

When you preparing Longjing tea, if the water is not hot enough, tea will be not easy to infuse and the leaves will float on the surface of the liquor. While if the water is too hot, tea leaves will be spoiled the and the tea liquor will turn to dark yellow soon.

用玻璃杯泡茶,可以欣赏芽叶飘舞沉浮的美丽姿态。

You can appreciate the beautiful dancing of the tender tea leaves and buds by making tea in a glass.

用盖碗或瓷杯冲泡细嫩茶时,不加杯盖为宜。

When we make tea with tender tea leaves, it's better not to cover the tea cups.

品饮龙井时,先闻茶香,再观汤色以及茶叶在杯中的形态,最后尝茶汤滋味。

When you taste Longjing tea, it's better to enjoy the aroma first, then appreciate the liquor color and the movement of tea leaves in the glass and finally savor the liquor.

四、普洱茶

Pu'er

普洱茶是云南大叶种茶树鲜叶加工而成的茶。

Pu'er is a large leafed tea from the Yunnan province in China.

普洱茶就像好的红酒一样,随着岁月的增长,日渐醇和、稳健。

Pu'er teas are much like fine wines, which become smoother and more balanced with age.

冲泡普洱茶时,第一泡不饮用。

When preparing Pu'er tea, the first infusion is not for drinking.

冲泡普洱茶需用沸水,这样才能释放它的真味。

It is best to use boiling water for making Pu'er tea, so that it will release its earthy flavor.

在普洱茶里加入两三朵菊花,使得茶汤清甜可口,口感更佳。

Steeping 2 – 3 chrysanthemum blossoms with the tea adds a natural sweetness to the tea and will smooth the earthy flavor of the tea.

五、乌龙茶

Oolong Tea

乌龙茶属半发酵茶,有绿叶红镶边之称。

Oolong tea belongs to semi – fermented tea, and it is described as "green leaves with red edges".

乌龙茶兼有绿茶的清香和红茶的甘醇。

Oolong tea has both the delicate fragrance of green tea and the sweetness and mellowness of black tea.

冲泡乌龙茶的茶具除辅助器具外,主要的有烧水壶、茶壶、茶杯和水盂。

Besides some supplementary tea wares, the main tools we need to make Oolong tea are kettle, teapot, teacups and pitcher.

冲泡乌龙茶时,可以增加闻香杯和公道杯。

To make Oolong tea, we can also use another two tools: a cup for smelling fragrance and a fair cup.

公道杯的使用,能使每一杯乌龙茶茶汤的浓度、香气、色泽达到一致,公平待人。

The fair cup ensures that every guest can taste the Oolong tea with same concentration, same aroma and same color. So it is fair to everybody.

冲泡茶时,要做到高冲低斟。高冲是为了使茶叶在水中翻滚,促使茶汁尽快浸出;低斟是为避免茶香散失,茶汤外溅。

When pouring hot fresh water, hold the kettle high, so the down – pouring water can make tea leaves stirring in the teapot and speed up the process of dissolving, than keep the teapot close to the tea cup in order to keep tea fragrance and prevent the splashing of tea water.

第一泡为醒茶,通常不饮用的。

The fist infusion is for waking up the tea leaves by boiling fresh water and usually it's not for drinking.

第二泡才是正式泡。

The second infusion is actual infusion.

把壶中的茶汤来回分注入各位客人的品饮杯中,称为"关公巡城"。

You pour tea into the guests' tea cups one by one and this act is called "the fabled Lord Guan making an inspection of the city".

把壶中最后剩下的茶汤分别一一滴入各位客人的品饮杯中,称为韩信点兵。

You drip the leftover tea liquor respectively into the guests' tea cups drop by drop and this act is called "The fabled General Han Xin mustering troops for inspection".

品尝上等乌龙茶后,口腔中产生的奇异韵味持久不散。

Top – grade Oolong tea will bring a marvelous and enduring after – taste into your mouth.

六、茉莉花茶

Jasmine Tea

茉莉花茶不仅有茶的滋味，而且还有花的香气。

Jasmine tea has not only tea flavor but also the fragrance of jasmine flowers.

茉莉花茶是用烘青绿茶和新鲜的茉莉花苞混合窨制而成。

Jasmine tea is made through scenting baked green tea with fresh Jasmine flower buds.

为保香气，花茶通常用有盖瓷杯和盖碗冲泡。

In order to keep tea's aroma, a covered porcelain cup or other kinds of cups with lid are usually used for making Jasmine tea.

上等茉莉花茶香气持久，令人回味无穷。

Top - grade Jasmine tea has enduring fragrance and unforgettable after taste.

品饮花茶时，除了闻茶汤香气外，还可闻杯的盖香。

When tasting Jasmine tea, you can smell not only the aroma of the tea liquor but also the aroma on the lid.

七、茶俗

Custom

中国人饮茶，注重一个“品”字。

The Chinese people, in their drinking of tea, place much significance on the act of "savoring."

“品茶”不但是为品鉴茶的优劣，同时也可以茶怡情，神思遐想。

"Savoring tea" is not only a way to discern good tea from mediocre tea, but also how people take delight in their reverie and in tea - drinking itself.

在中国，客来敬茶是必不可少的。

In China, whenever guests visit, it is necessary to make and serve tea to them.

在饮茶时也可适当佐以茶点，能使口感达到平衡。

Snacks may be served at tea time to complement the fragrance of the tea.

参考文献

[1]陈宗懋. 中国茶经. 上海:上海文化出版社,1992.
[2]吴觉农. 茶经述评. 北京:中国农业出版社,2005.
[3]沈冬梅. 茶与宋代社会生活. 北京:中国社会科学出版社,2007.
[4]扬之水. 古诗文名物新证. 北京:紫禁城出版社,2010.
[5]林瑞萱. 中日韩英四国茶道. 北京:中华书局,2008.
[6]林瑞萱. 日本茶道源流——南方录讲义. 台北:陆羽茶艺中心,1991.
[7]滕军. 日本茶道文化概论. 北京:东方出版社,1992.
[8]丁以寿. 中韩茶文化交流与比较. 农业考古,2002(4):317-323.
[9]丁俊之. 中韩茶文化交流源远流长. 农业考古,1996(2):243-244.
[10]马晓俐. 茶的多维魅力. 杭州:浙江大学出版社,2008.
[11]叶羽. 茶事服务. 北京:中国轻工业出版社,2004.

责任编辑：刘彦会

图书在版编目（CIP）数据

茶文化与茶饮服务 / 余杨，宋志敏编著. --北京：旅游教育出版社，2014.1

酒店餐饮经营管理服务系列教材

ISBN 978-7-5637-2848-0

Ⅰ.①茶… Ⅱ.①余… ②宋… Ⅲ.①茶叶—文化—中国 Ⅳ.①TS971

中国版本图书馆 CIP 数据核字（2013）第 289817 号

酒店餐饮经营管理服务系列教材

茶文化与茶饮服务

余杨　宋志敏　编著

出版单位	旅游教育出版社
地　　址	北京市朝阳区定福庄南里 1 号
邮　　编	100024
发行电话	（010）65778403 65728372 65767462（传真）
本社网址	www.tepcb.com
E-mail	tepfx@163.com
印刷单位	北京甜水彩色印刷有限公司
经销单位	新华书店
开　　本	787 毫米×960 毫米　1/16
印　　张	11.5
字　　数	178 千字
版　　次	2014 年 1 月第 1 版
印　　次	2014 年 1 月第 1 次印刷
定　　价	26.00 元

（图书如有装订差错请与发行部联系）